中国农业大学“双一流”文化传承创新项目

动物科学技术学院
College of Animal Science and Technology

1923—2023

百年动科 一树百获

中国农业大学动物科学技术学院院史编写组◎组编

中国農業大學出版社
China Agricultural University Press
·北京·

图书在版编目(CIP)数据

百年动科 一树百获 / 中国农业大学动物科学技术学院院史编写组组编. -- 北京：中国农业大学出版社，2023. 9

ISBN 978-7-5655-3070-8

Ⅰ. ①百… Ⅱ. ①中… Ⅲ. ①中国农业大学动物科技学院—校史 Ⅳ. ①S-40

中国国家版本馆 CIP 数据核字(2023)第 175551 号

地图审图号：GS 京(2023)1525 号

书　　名	百年动科 一树百获 Bainian Dongke Yishu Baihuo
作　　者	中国农业大学动物科学技术学院院史编写组 组编

策划编辑	童 云 赵 艳	**责任编辑**	赵 艳
封面设计	李尘工作室		
出版发行	中国农业大学出版社		
社　　址	北京市海淀区圆明园西路 2 号	**邮政编码**	100193
电　　话	发行部 010-62733489，1190	**读者服务部**	010-62732336
	编辑部 010-62732617，2618	**出 版 部**	010-62733440
网　　址	http://www.caupress.cn	**E-mail**	cbsszs@cau.edu.cn
经　　销	新华书店		
印　　刷	北京鑫丰华彩印有限公司		
版　　次	2023 年 9 月第 1 版 2023 年 9 月第 1 次印刷		
规　　格	185 mm× 260 mm 16 开本 16.75 印张 225 千字		
定　　价	128.00 元		

图书如有质量问题本社发行部负责调换

1923—2023

献给

中国农业大学

动物科学技术学院一百周年

编写委员会

编 写 组

主 编：陈 爽 杨 柳

参 编：（按姓氏笔画排序）

王朝霞 任珊珊 李菁华 李菁菁

杨潇瀛 沈其林 张地方 屈云晨

前　言

PREFACE

1923年，国立北京农业大学畜牧系成立，畜牧学科新篇章自此开启。赓“畜”百年，“牧”育桃李。百年来，畜牧系历经传承与发展、坚守与创新，不断前行，孕育出新时代的中国农业大学动物科学技术学院。

一百年春华秋实，一百年桃李芬芳。

2023年是中国农业大学动物科学技术学院100周年院庆，在一代代动科人的努力下，如今的动物科学技术学院在红色党建、师资队伍、人才培养、科学研究、社会服务、国际合作与交流、文化传承与创新等方面都取得了丰硕的成果。值此百年院庆之际，学院组建院史编写组、启动院史编写工作，推出《百年动科　一树百获》一书，旨在回顾学院发展历史，弘扬和传承动科精神，激励新一代动科人用专业与情怀、热忱与奉献，赓续学科发展，续写百年传奇。

本书编写过程中得到了学校、学院领导的关心和鼓励，编写组同志们怀着高度的历史责任感和使命感，奔波于学校档案馆、图书馆和各职能部门，深入挖掘历史资料，做了大量的梳理和研究工作。学生志愿者团队参与了大量的资料收集和整理工作。本书编写过程中还得到了很多离退休老同志、校友和社会各界热心人士的帮助和支持，在此一并对他们表示衷心的感谢！

本书编写过程中参阅了大量的校史资料和研究成果，由于编写组同志资历尚浅，限于水平与条件，加上编写时间仓促，书中难免有不妥和错漏之处，敬请读者批评指正。

感谢中国农业大学出版社编辑童云、赵艳等对本书出版的大力协助。

感谢所有为本书编写和出版提供帮助与支持的单位和个人。

谨以此书敬贺中国农业大学动物科学技术学院百年华诞！

本书编写组

2023年7月

目录
CONTENTS

百年动科精神文化体系

动科精神

报国奉献　顶天立地

内涵阐释：

体现了信念与实践的融合，“报国奉献”是情怀担当，“顶天立地”是行动追求。

为国，许党报国、传承师道；

为人，履职尽责、奉献社会；

为学，做顶天立地学问；

为师，育顶天立地英才。

报国奉献：

是老一辈畜牧人栉风沐雨、前赴后继，用行动谱写的许党报国、履职尽责，用热血铸就青春，照亮畜牧学科发展的道路，更是为师之道的榜样，是百年动科传承赓续的精神血脉；是一代代动科人对待事业的追求和热爱，心怀国之大者，不求回报、不惧风雨，勇挑重担、全心付出，将创新创造扎根在学科与行业发展的实践沃土中，在服务人民、奉献社会中增强自己的本领和水平。

顶天立地：

顶天，潜心畜牧基础研究，面向世界科技前沿，破解制约世界和人类发展的畜牧科学尖端问题；立地，扎根中国畜牧产业实际，面向经济主战场、面向国家重大需求、面向人民生命健康，产出一流成果推动行业发展。

学院院风

求实，创新，团结，奋进

内涵阐释：

求实：坚持真理，知行合一

创新：自信开放、敢为人先

团结：同心聚力、和谐向上

奋进：胸怀大局、追求卓越

发展理念

以人为本，培养创新人才

立足产业，引领科技发展

第一章

回首来路：从畜牧到动科，一路前行一路歌

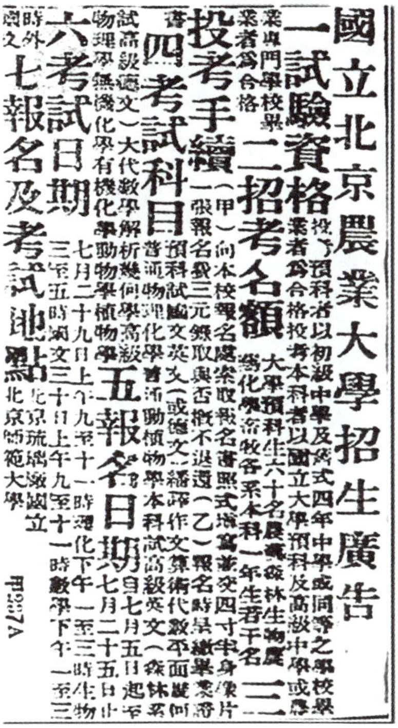
國立北京農業大學招生廣告

一 試驗資格 投考預科者以初級中學及舊制四年中學或同等之學校畢業者為合格 投考本科者以國立大學預科及高級中學或專門學校畢業者為合格

二 招考名額 大學預科生六十名 農藝 森林 生物 農化學 畜牧各系本科一年生若干名

三 投考手續 （甲）向本校報名處索取報名書照式填寫並交四寸半身像片一張報名費三元無論取與否概不退還 （乙）報名時呈繳畢業證書

四 考試科目 預科試驗國文 英文（或德文） 作文 繙譯 代數 平面幾何 普通物理 化學 動植物學 本科試驗高級國文 英文 大代數 解析幾何 高級物理 無機化學 有機化學 動物學 植物學

五 報名日期

六 考試日期

七 報名及考試地點

中国农业大学动物科学技术学院的畜牧学科是我国最早设立的畜牧学科之一，她的历史可以追溯到1923年国立北京农业大学设立的畜牧学系，到2023年，动物科学技术学院已历经整整一个世纪。在百年的历程中，学院几经变迁、历经坎坷，在党的领导和关怀下、在老一辈畜牧人的耕耘下，逐渐发展、壮大，奠定了如今拥有国内畜牧学一流学科的领先地位。

图1-1　1926年9月15日，国立北京农业大学刊登招生广告，招畜牧系“本科一年生若干名”

一、三校合并，名师云集，探索新中国畜牧高等教育

1949年，北京大学农学院、清华大学农学院和华北大学农学院合并成立北京农业大学，同时三校农学院的畜牧系（组）合并成立北京农业大学畜牧系。三校的合并把当时国内畜牧领域杰出的专家学者汇聚到了北京农业大学，强大的师资阵容确保了教学、科研工作的顺利开展。1950年，畜牧系开始招收本科生，1955年开始招收研究生。

1965年，畜牧系筹建教研组，以教研组为单位实施课程改革、改进教学方法、培养师资队伍，共设置11个教研组：养猪教研组、养牛教研组、家禽教研组、养羊教研组、养马教研组、动物遗传学教研组、家畜卫生教研组、动物学教研组、饲养学教研组、遗传学及家禽繁殖学教研组、牧草教研组。

图1-2　北京农业大学罗道庄校址畜牧系小院阅览室

二、艰苦创业，恢复发展，奠定国内畜牧学领先地位

1979年开始，畜牧系逐步恢复停顿了十余年的本科、研究生教育工作，随着改革开放的推进，教育教学工作进入求变求新、全面发展的阶段。畜牧系相继建立了动物遗传与育种、动物营养与饲料加工两个新专业（1984年开始招生）。

1981年，教育部开始在全国范围内进行学位授予单位及学科专业的评审工作，畜牧系获全国首批硕士学位授权点4个（动物遗传育种学、动物营养学、动物繁殖学、草原科学）；1984年获全国首批博士学位授权点3个（动物遗传育种学、动物营养学、动物繁殖学）。至此，畜牧系初步建立硕士、博士两个层次的研究生学位授予体系。1986年，获批草原科学博士学位授权点和动物生产学硕士学位授权点。1989年，动物遗传育种学、动物繁殖学获批国家级重点学科。

几十年来，北京农业大学畜牧系培养了大批畜牧专业人才，做出了大批科研成果，为我国畜牧高等农业教育的发展，为国家社会主义建设事业做出了积极贡献。

图1-3　20世纪80年代初，北京农业大学畜牧楼和畜牧小院

图1-4　1985年校庆留念

1993年6月，动物科学技术学院在北京农业大学畜牧系的基础上正式成立，设置三系一所：动物遗传育种系、动物科学技术系、动物营养与饲料科学系及草地研究所。1995年9月，更名为中国农业大学动物科学技术学院，同年，畜牧学科获批国家首批一级学科博士学位授权点。1996年，畜牧学科获批国家首批"211工程"重点建设学科。

三、踔厉奋发，顶天立地，争创世界一流畜牧学科

随着国民经济的发展，为适应学科建设及社会需求，2000年以后，学院逐步调整系的设置，下设三个系：动物遗传育种与繁殖学系、动物营养与饲料科学系、草业科学系。2001年，动物遗传育种与繁殖学科、动物营养与饲料科学学科获批国家级重点学科。2009年，学院设立畜牧生物工程研究生培养专业方向。

2002年，教育部开始在全国范围内开展学科评估工作，学院畜牧学一级学科在第一、第二、第三轮学科评估中均排名第一；2017年，畜牧学科入选教育部"双一流"建设学科，在第四轮学科评估中获评A＋；2022年，畜牧学科再次入选教育部"双一流"建设学科，在第五轮学科评估中获评A＋。

2018年12月，草业科学系正式成立为草业科学与技术学院。2019年，动物科学专业入选首批国家级一流本科专业建设点；同年12月，学院成立国内首个智能养殖与环境科学系。2020年12月，学院成立国内首个伴侣动物科学系，并成立动物繁殖与发育科学系。

经过多年的院系调整和划分，学院目前下设1个一级学科（畜牧学），5个系（动物遗传育种科学系、动物繁殖与发育科学系、动物营养与饲料科学系、智能养殖与环境科学系、伴侣动物科学系），1个本科专业（动物科学），3个硕士、博士学位授权点（动物遗传育种与繁殖、动物营养与饲料科学、畜牧生物工程），1个博士后流动站（畜牧学），同时设有专业学位硕士研究生招生点（畜牧）。

图1-5　2003年，学院举办隆重的建院80周年院庆活动

却顾所来径，豪情满胸怀。

百年来，一代代畜牧人栉风沐雨、艰苦创业，在不同的历史时期坚守着人才培养、科学研究、社会服务的职责和使命。动物科学技术学院的足迹始终伴随着中国农业大学的发展之路，学院师生始终铭记“解民生之多艰、育天下之英才”的校训，践行“以人为本，培养创新人才；立足产业，引领科技发展”的发展理念，将个人理想融入国家和民族的伟大复兴中，努力为推动我国畜牧业发展作出新的更大贡献。

第二章

传承血脉：忆寻红色印迹，话百年畜牧初心

1921年7月中国共产党的成立，在沉沉暗夜中点燃了支离破碎的东方沃土中的一颗革命的火种，成为中国百年历史起承转合之关键。这一年，北京农业专门学校创建畜牧学科，成为百年畜牧学科之发轫。历经百年红色洗礼，中国农业大学动物科学技术学院见证党的百岁峥嵘，犹如一颗红色的种子，在中国农业大学这片沃土上，根深叶茂、开花结果，长成参天大树。

一、生生不息，植根于畜牧学科的红色血脉

1924年1月，北京农业大学党支部正式建立，播下了农大红色基因的火种，也为百年畜牧学科的红色历史谱写了扣人心弦的前奏，枝繁叶茂的红色组织植根于畜牧学科发展不断生长。

红色源起于1949年北京大学农学院、清华大学农学院、华北大学农学院合并建校后，1953年9月成立畜牧兽医系教员党支部，1956年9月畜牧系独立建立党支部，1960年2月改建为畜牧系党总支，当时有师生党员25人（教职工党员16人，学生党员9人）。1966—1973年，经历与兽医系合并又拆分，1973年建立畜牧系临时党支部，1974年1月改建为畜牧系党总支。

1993年7月，畜牧系正式更名为动物科学技术学院，畜牧系党总支也随之更名为北京农业大学动物科学技术学院党总支。1995年9月，北京农业大学和北京农业工程大学合并组建为中国农业大学，随

之又迈入全新的发展阶段，改称为中国农业大学动物科学技术学院党总支。

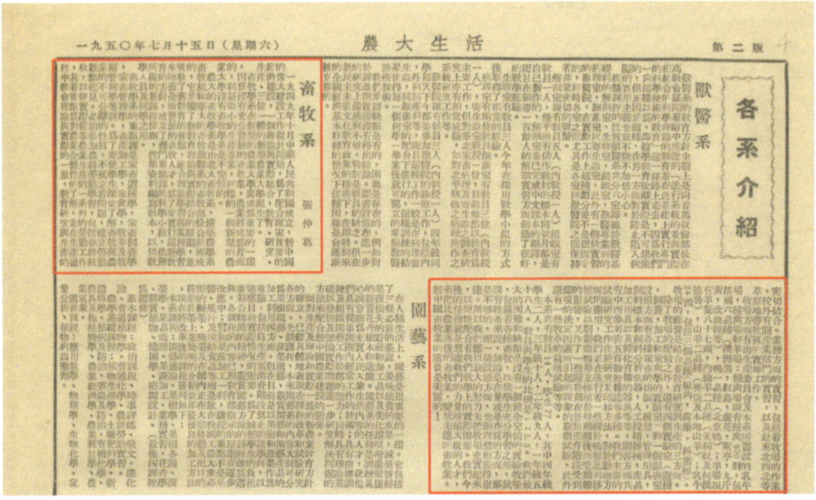
一九五〇年七月十五日（星期六）　農大生活　第二版

各系介紹

獸醫系

畜牧系　張仲葛

園藝系

图2-1　1950年，《农大生活》中关于畜牧系的介绍

图2-2　2001年，学院教职工合唱团参加学校“庆七一”歌咏比赛

伴随着党员队伍不断壮大，学院党员规模达到百人，2005年9月动物科学技术学院党员大会暨党总支换届大会召开，经中共中国农业大学委员会批复，撤销动物科学技术学院党总支，成立动物科学技术学院党委。

自2010年5月动物科学技术学院党委召开党员大会换届，发展至2017年，师生党员规模已超500人。2017年12月、2022年7月分别召开了中共中国农业大学动物科学技术学院委员会第一次、第二次党员代表大会。

历经百年发展至今，动物科学技术学院党委将支部建在系上、科研团队上，现有师生党支部20个，在校师生党员已达750余人，红色组织枝繁叶茂、力量壮大。

图2-3　2005年，动物科学技术学院党员大会暨党总支换届大会召开，中共中国农业大学委员会批复正式成立动物科学技术学院党委

二、代代相传，畜牧人许党报国的红色故事

伴随着激情燃烧的红色历史，一位位前赴后继的畜牧人用热血铸就青春，成长为一批批名留史册的伟大学科奠基人，星星之火渐成不可逆转的燎原之势，照亮畜牧学科发展的道路。老一辈动科人栉风沐雨、前赴后继，他们用实际行动谱写了许党报国、师道传承的故事。

（一）以身许党，是一代代共产党人的忠诚信念

红色基因薪火相传，历经百年底色更显。一代代共产党人满怀赤

诚、艰苦求索，为畜牧学科的发展不懈奋斗，在百年奋进历史上留下一个个鲜活的名字。

目睹日寇暴行与人民苦难的老校长安民先生，青年时期投身抗日救国，被敌人追捕，辗转到英国，学习了世界范围内刚起步的家畜人工授精技术。1949年，他拒绝国外导师挽留，回到新中国，带着两个愿望来到北京农业大学报到，一个是申请加入中国共产党，成为一名合格的共产党员；另一个是努力学习和工作，成为一名合格的教师。早在1950年，安民就提出入党申请，尽管入党历程几经波折，但是他从未放弃。1980年11月28日，安民终于加入中国共产党，成为一名中共党员，安民泪流满面，感慨万千。1982年，农业部建议北京农业大学推选“文革”后第一任校长，经学校领导和群众推荐，农业部和国务院批准正式任命安民为北京农业大学校长。在任期内（1982年至1987年5月），安民校长带领师生开展各方面艰苦的重建工作，他提出“将北京农业大学办成综合性农科大学”，希望将农大办成不仅是教育中心，还是科学研究中心。他呕心沥血，生动诠释了许党报国、履职尽责的崇高境界。

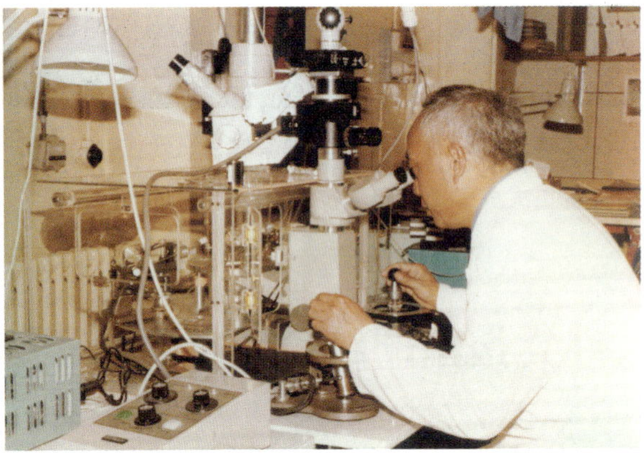

图2-4　安民先生在实验室进行细胞核移植实验

“一个有名的教授，如果没有十个有名的学生是难以成为有名的（教授）”，这是杨胜教授的座右铭，他在《奋进的时代》一文中写道“为国家为社会培养德才兼备、合格的人才，贡献了自己的力量，对得起国家的委托”。生于1919年1月1日的杨胜先生以实际行动教育学生如何报效祖国、如何学习、如何做人，用辛勤的一生践行一名老党员、一位老教授的育人担当和对党誓言。

图2-5 杨胜先生与学生合影

在看到国内与国外科研上的巨大差距后，曾担任多年畜牧系党总支副书记的冯仰廉，立志要把我国农业科研搞上去。在缺少资金、身体极度不适的情况下，他一根一根凑齐自行车赛车内胎，并用自己设计的方法连接，用这种方法解决了困扰他很久的呼吸测热箱的密封问题，当时国外需要花100万美元才能制成的呼吸测热箱，他仅花20多万元人民币就制成了，这是一项填补空白的伟业！他曾自评“我不是什么天才，我是一个苦学派”，他百折不挠、为国争先，为年轻一代树立了人生典范。

图2-6 工作中的冯仰廉先生

（二）丹心报国，老一辈非党员教师与中国共产党风雨同舟

团结一切可以团结的力量，在许党报国的伟大事业中携手前行。百余年来，中国共产党始终坚持把一批批民主党派人士和党外知识分

子团结起来、联合起来，成为与党风雨同舟、同向同行的重要力量。

1948年，“七五血案”爆发后，国民党当局对各校学生进行逮捕，包围、封锁北京大学农学院7天之久，在这紧张的局势下，农学院的进步师生团结一致，极力阻止国民党军警进校搜查捕人，吴仲贤先生就是协助学生转移逃离的老师之一，并与国立北京大学、国立北京师范大学的55名教授联名写下抗议书，对国民党当局以莫须有的罪名逮捕学生提出强烈抗议。新中国成立后，他任第一任畜牧系主任，致力于教学科研，为新中国畜禽遗传改良作出了奠基性贡献。

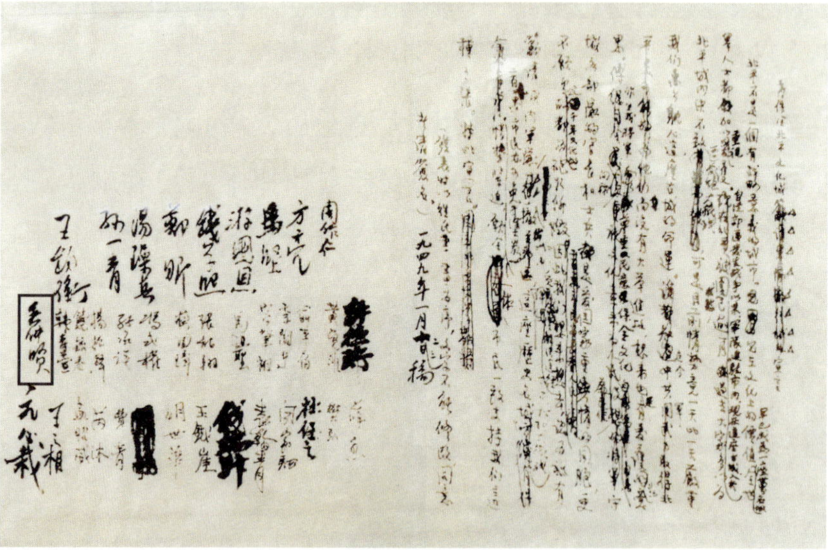

图2-7　九三学社联合北京各大学教授发表宣言，谋求和平解放（方框内为吴仲贤教授签名）

图2-8　1947年，汤逸人先生在病床上坚持写作

1947年，汤逸人应联合国粮食及农业组织的聘请，赴美担任畜牧专员。新中国成立后，他怀着一颗报效祖国的赤诚之心，毅然放弃了国外优越的工作和生活条件，选择归国，受聘北京农业大学畜牧系。为解决我国毛纺织原料供应短

缺问题，他脱去洋装革履，穿上粗衣布鞋，奔赴内蒙古、新疆、东北等多地广袤的草场上，指导绵羊育种，成功地实现了我国毛纺织原料的自给自足。

1945年重庆谈判，达成的《政府与中共代表会谈纪要》为人民带来了团结的曙光，这次谈判让戎易明白需用所学知识为祖国发展贡献力量，他加入中国民主青年联盟，积极与中国共产党合作，参与掩护地下中共党员活动，将自己的原名“戎镇华”改为“戎易”，希望能够用更简单的方法让中华崛起。戎易一生致力于教书育人，为祖国培养了一批批动物营养及饲料科学的专业人才。为了缅怀戎易教授对我国畜牧业和饲料工业的贡献，戎易先生的弟子们设立“戎易教育基金”和“戎易奖学金”，用于奖励学院动物科学专业和动物营养学专业的优秀学子。对学院师生而言，这不仅是一个奖项，更是一种情怀与文化的传承。

图2-9　戎易先生在国际动物营养与饲料科学培训班上讲话

百年畜牧文化与历史是新时代畜牧人不可忘却的宝贵财富，张仲葛教授编著《中国近代高等农业教育的发祥》，将这些农业发展和畜牧文化历史详细记录了下来，留给后世，激励着一代代畜牧人矢志传承。

图2-10　张仲葛先生，中国现代养猪学专家，中国畜牧兽医史学奠基人之一

三、源源不断，彰显新时代动科的红色力量

新时代新征程，学院党委坚持以高质量党建引领高质量发展，在党建引领学院人才培养、服务国家战略、推进高质量学科建设、文化传承等领域形成了特色模式，作出了突出贡献。

强党建之“根”，厚植理想信念。学院党委持续将学科文化传承与践行社会主义核心价值观紧密结合，致敬先辈，讲好百年故事，着力学党史、明校史、知院史，将一位位动科先驱学者前赴后继、许党报国的动人故事，融入师德师风建设、教书育人全过程，厚植师生爱国情怀。办好“理论学习大讲堂”“青椒荟”“党员之家论坛”“为党育人”课程思政讲堂等6个学习品牌，构建“多级、多元、多点”的师生理论学习体系，扎实推进历次主题教育，确保实效力求有特色上水平，让“红色力量”浸入血液，激励师生坚定信念、与党同心、与党同行，自觉把个人的理想追求融入国家和民族的事业中。

壮党建之“茎”，锻造组织堡垒。贯彻落实新时代党的组织路线，以政治建设为统领，在全面提升基层党组织组织力上再聚焦再发力，建立“一联系两谈话”“一统两联三融合”工作机制，强化“院、支部、委员”三级联动履责，提高党员干部政治判断力、领悟力、执行力，让党组织的“枝干”更加坚强有力。突出基层党组织政治功能，深化党建“五抓五着力”“五创五增强”工作，通过课程思政“双融合、双促进”工程、“全覆盖、双提升”党建工程、党支部议事及研究能力建设、高层次人才吸纳等途径，将“党建＋”有机融入事业发展，实现了党建示范、党建工作质量双创优。

繁党建之“叶”，彰显先锋力量。以立德树人为根本，构建“二元融合、五维拓展”知农爱农人才培养模式，16年坚持实施“同心圆521”三全育人工程，为学生成长搭建覆盖全产业链、全培养环节、全育人维度的培养平台，为行业输送了一大批“立大志、明大德、成大才、担大任”的新时代畜牧业领军人才。以强农兴农为己任，强化党管人才，构建“4平台＋2强化”教师培养体系，引导全体教师对标“国之大者”，教师奋斗动能显著增强，实现教书育人和科研创新能力双提升，涌现了吴常信院士、李德发院士、谯仕彦院士等一大批党员先锋模范，形成雁阵效应，激励更多教师投身实现科技自立自强的伟大事业。

以党建之花，结发展之“果”。坚持以“党的自身建设立标杆、推动事业发展树标杆”双标杆为建设目标硕果频现，2006年以来学院党委获评中国农业大学先进基层党组织6次，2012年以来获评北京市高校先进基层党组织3次，获评北京高校德育工作先进集体2次（表2-1）。学院大力推进党建示范创建和质量创优工作，2018年动物遗传育种教职工党支部入选全国高校首批“双带头人”教师党支部书记工作室，2019年学院党委获批全国党建标杆学院培育创建单位，均于2022年通过验收。

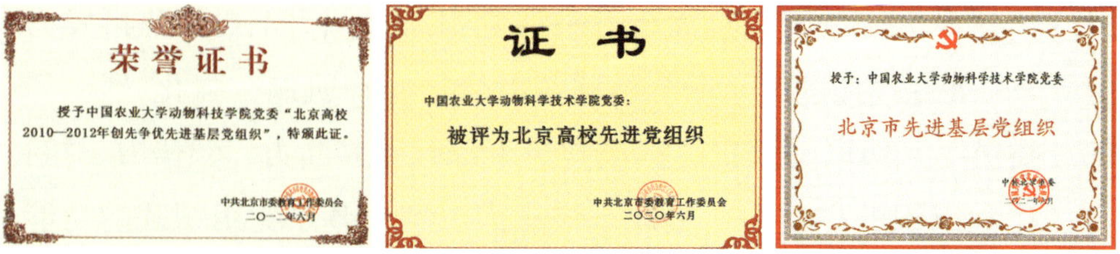

图2–11　学院党委所获荣誉（北京市级）

表2–1　学院党建工作获奖情况（北京市级）

序号	奖项名称	颁奖单位	获奖时间
1	北京高校红色"1 + 1"示范活动优秀奖	中共北京市委教育工作委员会	2012 年 1 月
2	北京高校创先争优先进基层党组织	中共北京市委教育工作委员会	2012 年 6 月
3	北京高校基层党支部活动创新案例一等奖	中共北京市委教育工作委员会	2013 年 6 月
4	北京高校德育工作先进集体	中共北京市委教育工作委员会 北京市教育委员会 北京市人力资源和社会保障局	2016 年 8 月
5	北京高校青年教师创新教研工作室	中共北京市委教育工作委员会 北京市教育委员会 中国教育工会北京市委员会	2019 年 9 月
6	北京高校先进党组织	中共北京市委教育工作委员会	2020 年 6 月
7	北京市先进基层党组织	中共北京市委	2021 年 6 月
8	北京高校德育工作先进集体	中共北京市委教育工作委员会 北京市教育委员会 北京市人力资源和社会保障局	2022 年 1 月

图2-12　2019年12月，动物遗传育种与繁殖师生党支部参观
中国人民抗日战争纪念馆，在纪念馆面向党旗庄严宣誓

图2-13　2021年7月，学院教职工参加学校庆祝建党100周年合唱比赛

一树百获，终身为计！

学院党委将不断强壮“党建之树”，乘势而上开新局，扎实贯彻落实党的二十大精神、习近平总书记给中国农业大学科技小院学生重要回信精神，深入推进学习贯彻习近平新时代中国特色社会主义思想主题教育、以高质量党建引领事业高质量发展，勇担强国使命、争做强农先锋！

第三章

以人为本：坚持立德树人，培养畜牧领军人才

回望百年，岁月沧桑；青春礼赞，初心弥坚。

顺着历史的长河溯源回首，自1923年国立北京农业大学创建畜牧学系，一代又一代青年学子步入校门，潜心求学，成长为畜牧人才、国之栋梁。在国家蒙辱、人民蒙难、文明蒙尘的历史时期，他们奔走呐喊、奋起反抗，立志用知识挽救民族危亡。新中国成立后，他们以富国强民为己任，将爱国情怀升华为振兴中华的责任使命，百折不挠、刻苦钻研，推动我国畜牧学科、畜牧产业稳步发展，茁壮向阳……

中国农业大学动物科学技术学院始终牢牢把握社会主义办学方向，坚持为党育人、为国育才办学初心，以立德树人为根本，以强农兴农为己任，高举服务畜牧业现代化发展的大旗，坚决筑牢思想政治工作“生命线”，百年来培养了大批具有坚定正确的政治方向、脚踏实地的奋斗精神、扎实过硬的专业本领的现代畜牧业拔尖创新和行业领军人才，取得了丰硕的教学成果。

一、以本为本，高质量开展本科生教育

育才造士，为国之本。学院本科教育始终坚持以本为本，推进“四个回归”，积极落实立德树人根本任务，系统谋划，高质量推进“新农科”建设。在百年的办学过程中，坚持“求真、务实、合作、创新”的学院传统，学科优势突出，名师专家汇聚，育人体系健全，

人才培养质量稳步提高，教学质量监控组织、制度健全，教学管理规范，监控方式科学。多年的教学改革与实践，学院已形成完备的育人体系，以院士、国家杰青领衔，名师为引领的教学团队、以专业核心课程为主的育人体系，夯实了动物科学专业人才培养质量。2019年，动物科学专业入选首批国家级一流本科专业建设点。

（一）专业设置及学制沿革

1923年，国立北京农业大学设畜牧学系，规定本科修业5年（前2年为预科）。1927年8月，国立北京农业大学并入国立京师大学校，规定畜牧系本科修业年限6年（预科2年、本科4年）。

1949年，成立北京农业大学畜牧系，新中国成立后学制统一规定为本科4年。1956年改为5年制，1965年改为4年半制（未施行）。1977年恢复高考后实行本科4年制，此后一直延续至今。

1984年，本科设置畜牧、动物营养与饲料、动物遗传育种三个专业。

1991年，本科专业增设草地科学。

1993年，设置动物科技与生产管理、草地科学两个专业方向。

1996年，设置动物科技与生产管理、动物营养与饲料科学、动物遗传育种三个专业。

2000年，设置动物科学专业，分畜牧、动物遗传育种和动物营养与饲料加工三个方向。

2001年，设置草业科学专业。

2019年，动物科学专业入选首批国家级一流本科专业建设点。

（二）招生规模

本科生招生规模从1949年建系初期的几十人，发展到2021年年招收本科生120人左右，招生人数呈波动式上升，招生规模大幅度提升。

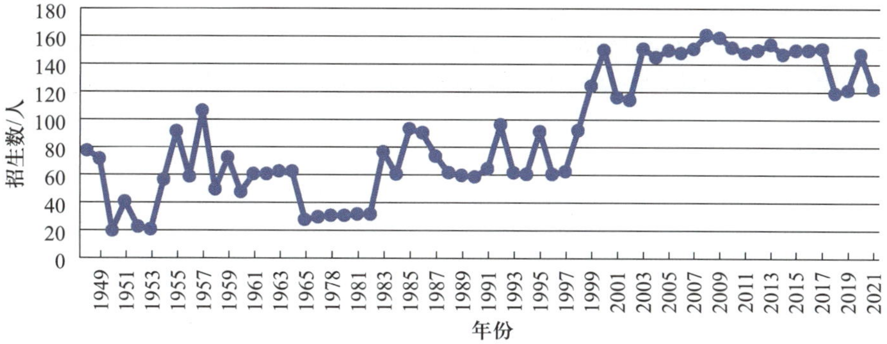

图3-1　1949—2021年本科生招生规模

（三）教学成果

学院高度重视优质课程资源建设，鼓励各学科教师参与建设与培育优质课程资源。学院坚持以国家级、省部级精品课程建设和培育为契机，推动整体课程资源的整合。建设有国家级精品课3门，国家级精品资源共享课2门，北京市级精品课1门，国家级一流本科课程4门（表3-1）。形成了学科分布合理、资源共享的精品课程体系。一批高水准的教案、电子教材、教学课件、教学视频通过网络免费开放，带动了课程建设，提高了优质教学资源的使用效益。本科代表性教材建设情况见表3-2。

表3-1　本科课程获奖情况

序号	课程名称	课程负责人	获奖年度	获奖名称
1	动物育种学	张　沅，张胜利	2005	国家级精品课
2	动物遗传学	吴常信，邓学梅	2006	国家级精品课 精品资源共享课
3	家畜繁殖学	朱士恩，曾申明	2013	国家级精品课 精品资源共享课 北京市精品课
4	动物遗传学	邓学梅，方美英，吴克亮，张　浩，傅金銮	2020	国家级一流本科课程（线下一流课程）

续表 3-1

序号	课程名称	课程负责人	获奖年度	获奖名称
5	动物繁殖学	田见晖，傅祥伟，王书敏，安　磊	2020	国家级一流本科课程（线下一流课程）
6	动物营养学	马秋刚，谯仕彦，曾祥芳，赵丽红，丁丽敏	2023	国家级一流本科课程（线上线下混合式一流本科课程）
7	动物育种学	俞　英，张胜利，孙东晓，王雅春，张　毅	2023	国家级一流本科课程（线上线下混合式一流本科课程）

表 3-2　本科代表性教材建设情况

序号	教材名称	主要作者	出版社	使用及获奖情况
1	家畜育种学	张　沅	中国农业出版社	普通高等教育“十一五”国家级规划教材 普通高等教育农业农村部“十三五”规划教材 全国高等农林院校“十三五”规划教材
2	家禽生产学（第 3 版）	杨　宁	中国农业出版社	“十二五”普通高等教育本科国家级规划教材 普通高等教育农业部“十三五”规划教材 中国农业教育在线数字课程配套教材 北京高等教育精品教材
3	动物遗传学	吴常信	高等教育出版社	“十二五”普通高等教育本科国家级规划教材 2006 年入选国家级精品教材
4	家畜繁殖学	朱士恩	中国农业出版社	“十二五”普通高等教育本科国家级规划教材 普通高等教育农业农村部“十三五”规划教材 普通高等教育农业部“十二五”规划教材 全国高等农林院校教材经典系列
5	家畜环境卫生学（精简版）	刘继军	中国农业出版社	普通高等教育农业农村部“十三五”规划教材 普通高等教育农业部“十二五”规划教材 全国高等农林院校“十二五”规划教材
6	生物统计学	张　勤	中国农业大学出版社	普通高等教育“十一五”国家级规划教材 普通高等教育农业农村部“十二五”规划教材 普通高等教育“十三五”规划教材

续表3–2

序号	教材名称	主要作者	出版社	使用及获奖情况
7	动物营养学	计　成	高等教育出版社	普通高等教育“十一五”国家级规划教材
8	畜牧场规划设计	刘继军	中国农业出版社	普通高等教育农业部“十三五”规划教材 全国高等农林院校“十三五”规划教材
9	饲料分析及饲料质量检测技术	张丽英	中国农业大学出版社	普通高等教育“十一五”国家级规划教材 普通高等教育农业部“十二五”规划教材
10	动物遗传学	赵兴波	中国农业出版社	“十二五”普通高等教育本科国家级规划教材 全国高等农林院校“十三五”规划教材 全国高等农林院校教材名家系列 北京高等教育精品系列

图3–2　学院师资编写的本科部分代表性教材

学院不断加强课程团队建设，注重名师引领。开展理论学习、课程思政等系列培训活动，提高教师教学能力。现有国家级教学名师1位，北京市教学名师4位（表3-3）。学院重视教学改革，教学成果不断涌现（表3-4）。

表3-3 教学类荣誉获奖情况

序号	教师姓名 / 团队带头人	获奖类别
1	吴常信	1989年北京市优秀教师 2008年国家级教学团队 2008年北京市教学团队 2017年北京市教学名师 2018年北京市师德榜样
2	张 沅	2006年国家级教学名师 2006年北京市教学名师
3	李德发	2008年北京市师德标兵
4	杨 宁	2009年北京市优秀教师
5	朱士恩	2010年北京市教学名师 2010年北京市师德标兵
6	呙于明	2016年北京市师德先锋
7	曹志军	2019年北京高校第十一届青年教师教学基本功比赛（工科类A组）一等奖
8	王书敏	2019年北京高校第十一届青年教师教学基本功比赛（工科类A组）三等奖 2021年北京高校第十二届青年教师教学基本功比赛（工科类）二等奖
9	邓学梅	2022年北京市教学名师

表3–4　教学成果奖（北京市级、国家级）

序号	教学成果名称	主要完成人	获奖等级	获奖年度
1	坚持改革，不断提高《群体遗传学》和《家畜育种学》的教学质量	吴常信	市局级	1989
2	坚持教学、科研、生产三结合，培养应用型人才	单崇浩，陶才美，于淑梅，杨　宁，王庆民	北京市二等奖	1993
3	养猪学各论课教学改革初探	陈清明，王凤来，王爱国，张晓岚，李素芬	北京市一等奖	1997
4	动物科学专业本科人才培养方案和课程体系改革研究与实践	吴常信，张　劳，孟庆翔，呙于明，杨兆和	北京市二等奖	2001
5	运用现代计算机多媒体教学手段提高《家禽学》教学效果	宁中华，王传华，姜　虹，杨　宁，陈　红	北京市二等奖	2001
6	动物生产系列课程网络多媒体教学研究与实践	王爱国，王传华，张晓明，宁中华，富俊才	北京市二等奖	2005
7	坚持改革，不断提高《动物遗传学》的教学质量	吴常信，邓学梅，傅金銮，吴克亮，白丽华	北京市二等奖	2009
8	基于“牛精英计划”的畜牧业未来领军人才培养体系创新与实践	曹志军，李胜利，呙于明，张英俊，田见晖，曹兵海，孟庆翔，赵广永，王雅春，郭晓旭	北京市一等奖	2017
9	“二元融合、五维拓展”的卓越畜牧人才实践教育模式创新与推广	呙于明，曹志军，郭晓旭，刘剑锋，袁建敏，张　微，俞　英，苏华维，张　帅，李菁菁	北京市一等奖	2021
10	“二元融合、五维拓展”的卓越畜牧人才实践教育模式创新与推广	曹志军，郭晓旭，刘剑锋，袁建敏，张　微，俞　英，苏华维，张　帅，李菁菁	高等教育（本科）国家级教学成果二等奖	2022

二、追求卓越，培养行业高层次研究人才

百年来，中国农业大学动物科学技术学院研究生人才培养工作与国家发展和民族进步同呼吸、共命运，肩负畜牧学科高层次拔尖创新人才培养和创新创造的重要使命，为国家及地方经济和社会发展提供强有力的人才和智力支撑，为脱贫攻坚和乡村振兴贡献科技力量。

（一）专业设置及历史沿革

1949年，新中国成立后，研究生学制统一规定为2~3年。

1978年，伴随我国研究生教育制度的恢复，研究生教育事业百废待兴。1981年，教育部开始在全国范围内进行学位授予单位及其学科专业和博士生导师的评审工作，畜牧系获全国首批硕士学位授权点4个（动物遗传育种学、动物营养学、动物繁殖学、草原科学）。1984年，获全国首批博士学位授权点3个（动物遗传育种学、动物营养学、动物繁殖学）。至此，畜牧系的硕士、博士两个层次的研究生学位授予体系已初步建立，培养管理层次从以硕士生为主转变为博士生和硕士生并重。1986年，获批草原科学博士学位授权点和动物生产学硕士学位授权点（表3-5）。1989年，动物遗传育种学、动物繁殖学获批国家级重点学科。

20世纪以来，随着我国经济发展步入快车道，畜牧行业急需一大批高层次复合型、创新型人才，进一步助推了学院研究生教育的快速发展。面对新的机遇与挑战，伴随世纪之交科教兴国战略、人才强国战略、建设创新型国家战略的出台和实施，以及“211工程”建设计划的全面启动，国家发展战略转型对高水平创新型人才的需求助推研究生教育进入跨越式增长阶段。1998年，学院一级学科正式更名为“畜牧学”。2000年，学院动物营养与饲料科学入选农业部第二轮重点学科名单，并于2001年入选国家级重点学科名单。2009年，学院设立畜牧生物工程研究生培养专业方向。为了适应我国畜牧产业结构特

点，突出服务经济社会畜牧行业的发展，自2001年学院开始招收农业推广硕士以来，形成了应用型专业学位研究生和学术型研究生相互补充的良好局面。

表3–5 硕士点、博士点与博士生导师名单

（经国务院学位委员会审定）

审定时间	批次	硕士点	博士点	博士生导师名单
1981年11月	第一批	动物遗传育种学 动物营养学 动物繁殖学 草原科学		
1984年1月	第二批		动物遗传育种学 动物营养学 动物繁殖学	安　民 吴仲贤 戎　易
1986年7月	第三批	动物生产学	草原科学	贾慎修 冯仰廉 周毓平 吴常信 董　伟
合计		5	4	8

进入新时代，实现中华民族伟大复兴的战略迫切需要高层次、高素质、高质量人才，对研究生教育质量提出了更高的要求。学院围绕“服务需求，提高质量”的总体思路，研究生培养更加突出创新和实践能力提高，更加突出科教融合和产学融合，学院2019年全面启动专项制招收培养全日制专业学位研究生，对专业学位实行并深化专项制改革，所有专业硕士纳入专项培养。目前共设立有牛精英专项、健康养殖专项、大北农专项、烟台专项、海南专项、科技小院、宠物健康养殖和深圳专项8个专项。

2020年9月，研究生教育首次落地学校烟台研究院全程培养，首批招收专业硕士研究生30人。2021年9月，研究生教育首次落地学校海南

三亚研究院全程培养，首批招收专业硕士研究生7人、博士研究生3人。

经过多年来的调整，目前学院共设置3个硕士、博士学位授权点（动物遗传育种与繁殖、动物营养与饲料科学、畜牧生物工程），1个专业学位硕士研究生招生点（畜牧）（表3-6）。

图3-3　2020年9月，首批招收烟台专业硕士研究生30人

图3-4　2023年3月，学院领导与导师在海南召开研究生见面会

表3–6　研究生招生专业设置
（3个硕士、博士学位授权点，1个硕士专业学位授予类型）

专业代码	专业名称	研究方向
090501	动物遗传育种与繁殖	动物遗传育种学
		动物繁殖学
090502	动物营养与饲料科学	不区分
0905Z1	畜牧生物工程	不区分
095133	畜牧	畜禽遗传育种技术
		畜禽繁殖技术
		畜禽营养与饲料生产技术
		畜禽环境工程技术

（二）招生规模

北京农业大学畜牧系成立以来，1955年首次招收硕士研究生2人。1984年，首次招收博士研究生1人。研究生招生规模从建院初的几人到“文革”后恢复阶段的几十人，发展到2021年招收研究生200余人，2022年已突破300人，招生规模大幅度提升。

学院自2001年招收农业推广硕士专业学位研究生（养殖）以来，专业学位研究生人数逐年增加，为畜牧行业培养了一批高层次应用型、复合型的技术和管理人才，满足了经济建设和社会发展对大批应用型人才的迫切需求。目前，学院在籍全日制学术学位硕士研究生和专业学位硕士研究生比例已接近1∶1，形成了学术学位和专业学位并重的格局。2020年起，专业学位硕士研究生招生规模已超过学术型硕士研究生，博士生招生规模稳步增长。

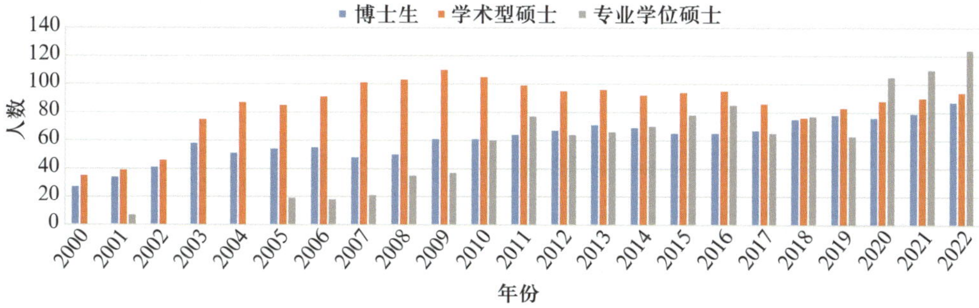

图3–5　2000—2022年，学院研究生招生规模（2018年起，招生数据不含草学专业）

学院多途径吸纳优秀人才，采取全国统考、推荐免试应届本科生攻读硕士学位、硕博连读、应届本科生直接攻读博士学位等途径优化生源结构。自2016年起，每年举办“优秀大学生暑期夏令营”，提前锁定优质生源。

图3-6　学院举办“优秀大学生暑期夏令营”

（三）教学成果

恢复研究生教育以来，学院实施重点课程、精品课程建设，不断加大投入，努力创建一流教学水平，教学条件不断改进，研究生课程和教学改革步入深化期。实施了一系列研究生创新计划和项目，积极探索研究生教育国际化途径，聘请国外知名教授开设研究生课程。实施硕博连读制度和导师负责制，着力提升研究生的创新能力。研究生教育规模持续扩大，基本实现了立足国内培养畜牧行业高层次人才的战略目标。

百年来，学院分期、分批建设了一系列在全国畜牧行业领先的、有影响、有特色的研究生课程，在学院教学改革中发挥了探索、示范和引领作用。学术学位和专业学位研究生凸显分类培养，专业学位研究生配备校内导师和校外导师，实行“实践—理论—实践”三段式培养模式，培养高层次应用型复合人才。博士生培养质量不断提升，获评全国优秀博士学位论文3篇、北京市优秀博士学位论文2篇（表3-7）。学院研究生培养的质量不断提高，改革实践不断深入。

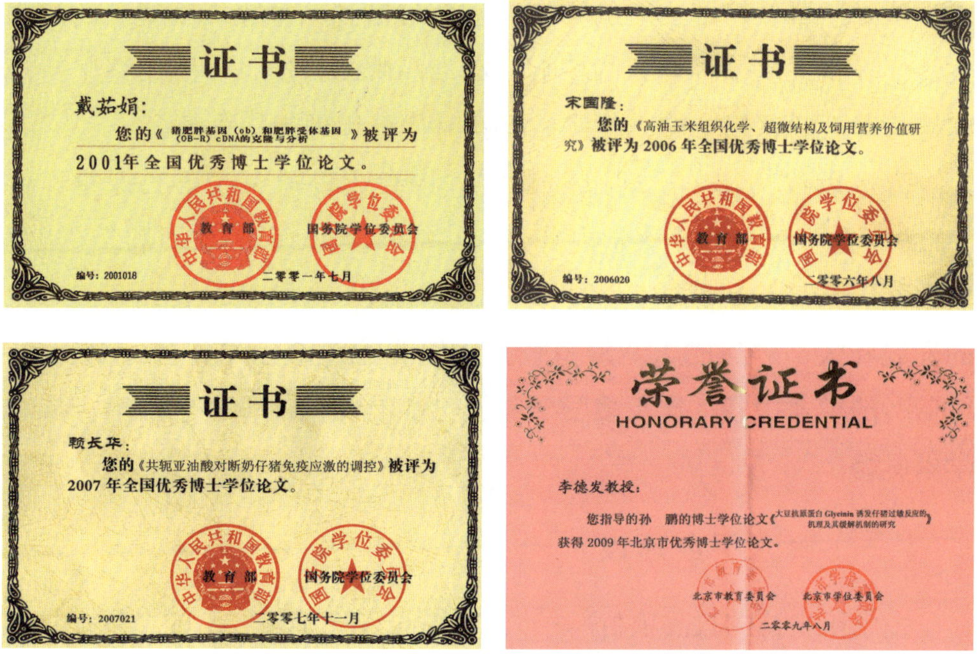

图3–7　学院培养的博士生获得的全国/北京市优秀博士学位论文证书

表3–7　全国/北京市优秀博士学位论文获奖情况

获奖年度	作者	指导教师	论文题目	获奖类型
2001	戴茹娟	吴常信	猪肥胖基因（ob）和肥胖受体基因（OB-R）cDNA 的克隆与分析	全国优秀博士学位论文
2006	宋国隆	李德发	高油玉米组织化学、超微结构及饲用营养价值研究	全国优秀博士学位论文
2007	赖长华	李德发	共轭亚油酸对断奶仔猪免疫应激的调控	全国优秀博士学位论文
2009	孙　鹏	李德发	大豆抗原蛋白 Glycinin 诱发仔猪过敏反应的机理及其缓解机制的研究	北京市优秀博士学位论文
2022	李　娜	王军军	宫内生长受限仔猪新生期肠道微生物时空定植规律及其靶向干预	北京市优秀博士学位论文

三、铸魂育人，思政教育贯穿学生培养全过程

明者因时而变，知者随事而制。结合青年工作的新特点、新趋

势，从“朋辈教育模式”的开拓性创新举措到“畜牧嘉年华”的浸润式情怀教育，从德育理念的挖掘到活动品牌的打造，学院始终坚持筑牢铸魂育人的思想支撑，扎实做好新时代青年理想信念教育。

穷理以致其知，反躬以践其实。将专业教师引入第二课堂，将“一懂两爱”教育贯穿课堂内外，以“牛精英计划”“牛百科”“雏鹰俱乐部”“青年i猪联盟”“领头羊发展计划”为代表的五大育人平台的发展壮大，俨然成为新型畜牧人才培养的经验范式。“科技创新训练营”的模式探索，让更多学子有机会、有热情徜徉科学前沿，探索学术奥秘。

（一）育人平台建设

由学院主持的教改项目——“二元融合、五维拓展”的卓越畜牧人才实践教育模式创新与推广，获得2021年北京市高等教育教学成果奖一等奖。该项目立足学院五大育人组织，搭建第二课程、提供实践平台，通过校企合作培养精英人才的“牛精英计划”、互联时代新型学生培养模式“牛百科”、科普宣传长才干的“雏鹰俱乐部”、涵盖全产业链人才成长平台的“青年i猪联盟”、培养未来羊业领军人的“领头羊计划”，超千人已成长为推动行业发展的拔尖创新和行业领军人才。

1. 牛精英计划

“牛精英计划”创立于2011年，由曹志军教授在中国农业大学发起成立。自创立至今，牛精英计划都秉持着一个宗旨，就是培养我国畜牧业领域未来的领导者和决策者。为了更好地实现牛精英计划的宗旨，2015年，牛精英计划联合国内其他开设畜牧学科的15所院校，以实践育人为导向，正式成立牛精英联盟，开展牛精英计划在全国高校的品牌建设与项目策划。在这之后，牛精英计划的教育理念与培养体系被多所

图3-8 “牛精英计划”logo

知名高校成功借鉴和复制。截至2023年，牛精英联盟已有51所高校成员，并且成为我国首个覆盖全国80%农业高校的学生培养平台。

牛精英计划基于“4＋4＋2”（四个平台＋四阶递进＋双核驱动）未来领军人才培养体系，创建科教平台、校企平台、全球平台、竞技平台以整合优质资源，创设专业认知、产业实践、科研竞赛、创业就业四阶递进的人才培养理念，并在育人过程中引领学生树立理想、助力自身价值的实现。十余年以来，牛精英计划定期开展“请进来，走出去”“校外课堂”“暑期实习实践”“联盟年会”等系列品牌活动；创办国家级学科竞赛、乡村振兴科技强农＋专项赛事“牛精英挑战赛”；助力深化专业教育改革，设立“牛精英专项”，陆续聘请212位校内指导教师和96位企业指导教师，在国内21个省（自治区、直辖市）建立157个实践实习基地，搭建成熟的校企合作平台；入选国家留学基金委创新型人才国际合作培养项目，签订11项国际合作协议，打造首个畜牧学科全球性访学项目“牛人牛途”，与世界500强企业联合设立19个海外实习基地，开设美国、爱尔兰、荷兰、德国、瑞士、以色列等11国线路，覆盖全球主要奶肉业强国；推出ECPaper、ECPro、ECPlus等一系列“牛精英云享课堂”，线上共享行业、学术前沿资讯，累计观看人数逾10万人次；组织并资助学生参加百余场行业及学术会议，受益学生数量累计逾5 000人，辐射影响近万人。

“始于优秀，追求卓越”是牛精英的核心价值，“四阶递进”人才培养模式和“双核驱动”育人机制是牛精英独创的人才培养体系。牛精英，以实践育人为导向，突破农业高校人才培养的传统理念和培养方式，创建“科教—校企—国际—竞技”融合平台，携手政—产—学—研各界培养我国畜牧业顶尖创新人才，已经成为国际草牧业知名教育品牌，是我国草牧业发展重要的人才摇篮，是推动高等教育改革的典范，是赋能企业发展的创新源泉。

2. 牛百科

“牛百科”实践育人团队由动物科学技术学院王雅春教授和俞英

图3-9 “牛百科”logo

教授于2005年共同创立。历经18年蓬勃发展，牛百科逐步形成翻译组、宣传组、青年计划组、青年指导团4个部门，构建学生团队加教师指导的师生团队形式，围绕“实践”的大主题，开创第一与第二课堂融合的创新思维模式、自主实践的科研能力培养模式和自主管理自主提升的科研创新模式等多种实践育人模式。

青年计划，创新训练模式，锻造实践能力。自2007年青年计划组成立以来，牛百科为每位学生设计独立课题后前往牧场，将暑期实践与科研创新紧密结合，形成一套科学性、专业性的创新训练模式！青年计划组的实践活动涵盖行业调研、理论学习、试验计划、牧场实践、数据采集、总结汇报、软件学习、数据分析、论文撰写等多个方面，鼓励学生在实践中延伸课堂知识，在实践中提升科研能力。青年计划组学生将研究课题、实践经历和感悟感想整理为风采海报展览于动科动医楼大厅，将研究成果、学习过程和心得体会整理成册汇总为《行知志》。基于青年计划组的实践训练成果，牛百科成员累计发表中文期刊论文52篇（其中，中文核心期刊论文39篇）、SCI期刊论文6篇，25名学生获得校级学术创新奖励，成员荣获校级“暑期社会实践优秀团队”3次，荣获校级“暑期社会实践优秀个人”4次，荣获“挑战杯”和“共享杯”等创新创业类奖励8次，荣获“知农爱农奖学金”2次，荣获院级“暑期社会实践优秀奖”10次。

紧跟时代步伐，开展新媒体宣传。以文化人、以文育人，自媒体的兴起加速了信息的传播，网络平台在精神传递方面发挥了重要作用。2005年，牛百科创立初期，自主创建维护的牛百科网站正式上线（http://www.cowinfo.net/），打造中国牛业第一门户；2019年，牛百科紧跟时代发展，创建“CAU牛百科小组”微信公众号，宣传组正式成立。新闻宣传是将科学精神与人文精神相统一的重要节点，一直以来宣传组及时、系统地发布牛百科实践动态和翻译成果，提高自身影响力；传播行业优质讯息，促进产学研的技术和文化交流；提升学生的宣传技能，丰富专业知识，培养学生对行业的热爱。

文献翻译，提升专业技能，开拓国际视野。自2005年牛百科成立以来，先后依托网站和微信公众号两大平台，锻炼学生翻译专业知识的能力，为读者提供国内外畜牧行业最新颖、最实用的信息。在收获高浏览量的同时，牛百科也收到多家国际育种公司的翻译邀请。2022年，牛百科携手硕腾“奶牛育种前沿”，发布美国奶牛育种委员会前沿资讯和育种知识。18年来，牛百科的英文专业资料翻译量超30万字，在行业内著名刊物《荷斯坦》《中国奶牛》等投稿发表翻译文章30篇。截至目前，参与此项工作的本科生达百余人，显著增强了学生的英语水平和专业素养，拓宽了国际化学习视野，树立了学以致用的专业思想。

一直以来，牛百科始终坚持“行是知之始，知是行之成”的育人理念，在学生心中埋下实践知农、科技兴农的种子，引导学生求真力行，知行合一；助力青年学生走出课堂、融入实践、服务产业、涉足科研；培养出大批具有爱国情怀、创新思维和专业素养的知农爱农型人才，为乡村振兴以及畜牧学科的发展贡献了力量。

3. 雏鹰俱乐部

雏鹰俱乐部由动物科学技术学院家禽营养与饲料科学团队的导师们组建，成立于2015年，距今已有8年历史。目前，由袁建敏教授、郑江霞副教授、赵丽红副教授担任指导教师，旨在引导、造就行业内高水平人才和传播正确的家禽业知识。

在创新创业实践方面，雏鹰俱乐部组织成员申报完成了5项大学生创新创业项目；在社会科普宣传方面，雏鹰俱乐部利用微信推送发布科普文章百余篇，出版《全球蛋史》，参编《有机鸡饲养生产指南》，发布家

图3-10 “雏鹰俱乐部”logo

禽科普类视频2条；在科学研究方面，发表中文核心期刊论文8篇，获专利2项；在社会服务方面，多次组织学生前往各地养殖场进行实践，服务当地养殖场改善养殖模式，助力家禽产业发展；在社会影响力方面，俱乐部成员斩获多项国家级、省部级、校级、企业级荣誉。俱乐部负责的项目曾先后在中国青年报、中国科学报、人民网、央视网、《科技创新与品牌》杂志等媒体上报道，并有成员（学生马磊）受邀参加人民网人民电视的节目《年轻中国芯》(全国仅5位学生受邀)。

雏鹰俱乐部曾荣获北京地区高校大学生创业优秀团队；中国农业大学2016年“挑战杯”创新创业大赛三等奖；2016年中国青创汇全球华侨华人青年创梦工场百强项目优胜奖；2018年“创青春”全国大学生创业大赛和第四届中国“互联网＋”全国大学生创新创业大赛中国农业大学校内选拔赛银奖、铜奖；企巢杯创业大赛二等奖；2017年，获大学生中华老字号创新创业大赛京津冀赛区二等奖；第三届“互联网＋”创新创业大赛北京市三等奖。雏鹰俱乐部指导老师于2018年荣获全国农业专业学位研究生教育指导委员会颁发的“全国农业专业学位研究生教育指导委员研究生实践教学成果奖”。雏鹰俱乐部作为学院五大学生育人组织之一，2021年“二元融合、五维拓展”的卓越畜牧人才实践教育模式创新与推广”获得北京市高等教育教学成果奖一等奖。

4. 青年i猪联盟

“青年i猪联盟”(以下简称“联盟”)是动物科学技术学院代表性三全育人组织，旨在打造生猪养殖领域的卓越畜牧人才创新培养平台，帮助当代畜牧青年学子快速成长为知农爱农的行业所需人才。联盟由学院猪营养与饲料方向青年教师、研究生和本科生于2018年联合发起，作为老一辈畜牧学家杨胜先生教书育人精神的传承，得到了包括李德发院士、谯仕彦院士等行业大咖和大北农集团、正大集团等生猪养殖领域头部企业的关注、指导和支持，目前已发

图3-11 “青年i猪联盟”logo

展成集第二课堂、学术交流、社会实践和求职辅导“四位一体”的卓越畜牧青年人才创新培养平台。

（1）第二课堂　联盟充分利用新媒体创新教学模式，创建养猪学科“第二课堂”。依托互联网平台创建“青年i猪社区”互动论坛。与中国畜牧业协会“卓牧鸟”在线教育平台合作，向学生免费开放135门养殖技术专业培训动画课程。成立了智能养殖课外兴趣小组，让学生随行业发展新动态进行学科交叉融合创新探索。

（2）学术交流　联盟拓宽生猪养殖领域青年人才间的跨校交流渠道。创建了全国性研究生专业学术论坛——“饲料创新研究生论坛”，线上线下累计参与人数超6万人。发起“青年i猪云端学术沙龙”，累计观看超10万人次。此外，还邀请到李德发和谯仕彦两位院士参与“院士与青年学子聊人生”活动。

（3）社会实践　联盟积极推动政产学研深度融合，为在校生提供多元化社会实践和产业服务机会。暑期实习实践，成果获得当年校级社会实践奖。组织多校学生共同承担了农业农村部关于全国百县生猪养殖基本数据核查的任务，完成了17省103县生猪养殖数据的核查，报告得到农业农村部畜牧兽医局领导的肯定，体现了联盟在产业服务方面的实力。

（4）求职辅导　联盟积极联合行业内标杆企业，创新校企协同育人模式。举办“青年i猪大讲堂”，从多角度对学生进行求职辅导。举办“青年i猪暑期训练营暨挑战赛”，共有10余所涉农高校的80余名学生和10余家农牧企业参赛，已成为学院“卓越畜牧人才+创新大赛”专项赛事，探索了校企合作实践育人的新模式。

通过构建“四位一体”的卓越畜牧人才培养平台，联盟在创新育人方面取得了显著成果。截至目前，联盟成员共获得各类荣誉159人次，承担科研项目10项，发表论文30余篇。成员获“兴农杯”创业竞赛二等奖、“互联网+”大学生创新创业大赛（北京赛区）二等奖，王钰松被评为“北京高校毕业生就业创业先进典型”。联盟指导教师张帅荣获2021年教育部青年长江学者、2022年动科青年教师育人奖。

以“青年i猪联盟”为代表的育人平台模式现已在国内20余所涉农院校推广，累计覆盖相关专业师生超5 000人。相关活动得到了中国农网等行业媒体的关注报道，10次入选学校官网报道。作为学院卓越畜牧人才实践教育模式创新的重要组成部分，获2022年学校教学成果特等奖和北京市高等教育教学成果奖一等奖，荣获学校“五四青年标兵集体”。

5. 领头羊计划

领头羊发展计划（Bellwether Development Program），简称“领头羊计划”，是动物科学技术学院第二课堂羊专业方向的学生培养平台，以培养学生的科研能力、分析和解决实际问题能力、融入社会能力为核心；集聚学校和学院相关的教学和研究资源，依托国家绒毛羊产业技术体系、国家肉羊产业技术体系两大国家级科研平台，以及中国畜牧兽医学会养羊学分会和中国畜牧业协会羊业分会两大专业团体，邀请国内外优秀的行业专家、经济专家、企业家以及更广泛的社会学专家、数据专家和思想政治学专家，通过与学生面对面讲座、大型现代羊场和与羊相关企业深度实践、国内外交流实习等方式，为我国羊产业发展培养一批具有爱国情怀、创新思维和创业能力、综合素质强的羊产业领头羊和领军人才，以推动羊产业加快发展。

图3-12　“领头羊计划”logo

同时搭建羊业科技及人才培养信息共享平台，联盟全国主要高校共同实施领头羊计划，共同探索“融合第一、第二课堂培养行业领头羊（领军人）”人才培养模式，共同推动行业健康发展。

（二）思政育人硕果累累

奋斗不息，终成硕果。近年来，学院学子在创新创业、服务社会方面成绩显著：累计获得获国家级、省部级创新创业类奖项48项，其中，中国国际“互联网+”大学生创新创业大赛各级奖项11项（表3–8），“挑战杯”全国大学生课外学术科技作品竞赛各级奖项12项（表3–9），获建教育部中美青年创客中心1个，获评北京地区高校大学生优秀创业团队3次，获评“首都学雷锋志愿服务最佳志愿服务项目”1项，首都大学生思政工作实效奖1项，先后2次获评北京市德育工作先进集体。2016年，学院马磊同学获第二届“国家资助 助我飞翔”全国励志成长成才优秀学生典型。

表3–8 中国国际“互联网+”大学生创新创业大赛获奖情况

序号	获奖项目	奖项级别	获奖等级	获奖时间
1	中农动科——标准化养牛第三方技术服务平台领航者	国家级 A 类	银奖	2019
2	中农动科——标准化养牛第三方技术服务平台领航者	省部级 A 类	一等奖	2019
3	中农美好生活酸奶研发及营销	省部级 A 类	三等奖	2019
4	I·牧——“智慧畜牧”抗生素全替代模式助力精准扶贫	省部级 A 类	二等奖	2020
5	猪梦之芯——猪分子育种“液相芯片”和数据服务的整体方案解决商	国家级 A 类	铜奖	2021
6	猪梦之芯——猪分子育种“液相芯片”和数据服务的整体方案解决商	省部级 A 类	一等奖	2021
7	大农盟——引领农牧产品的产业链生产服务商	省部级 A 类	二等奖	2021
8	I·牧——“智慧畜牧”抗生素全替代模式	省部级 A 类	二等奖	2021
9	检测速度快、质优价低的猪分子育种SNP 基因型检测解决方案	省部级 A 类	一等奖	2022
10	逐梦之芯——我国猪分子育种的革新者	省部级 A 类	二等奖	2022

续表 3–8

序号	获奖项目	奖项级别	获奖等级	获奖时间
11	检测速度快、质优价低的猪分子育种 SNP 基因型检测解决方案	国家级 A 类	银奖	2022

表 3–9 “挑战杯”获奖情况

序号	大赛名称	奖项级别	获奖等级	获奖时间
1	2011 年第十二届“挑战杯”中国大学生创业计划竞赛	国家级 A 类	银奖	2011
2	2011 年第六届“挑战杯”首都大学生课外学术科技作品竞赛	省部级 A 类	特等奖	2011
3	2013 年第十三届“挑战杯”中国大学生创业计划竞赛	国家级 A 类	金奖	2013
4	2013 年第七届“挑战杯”首都大学生课外学术科技作品竞赛	省部级 A 类	一等奖	2013
5	2015 年第十四届“挑战杯”中国大学生创业计划竞赛	国家级 A 类	累进创新金奖	2015
6	2015 年第八届“挑战杯”首都大学生课外学术科技作品竞赛	省部级 A 类	一等奖	2015
7	2015 年第八届“挑战杯”首都大学生课外学术科技作品竞赛	省部级 A 类	二等奖	2015
8	2017 年第十五届“挑战杯”中国大学生创业计划竞赛	国家级 A 类	累进创新铜奖	2017
9	2019 年第九届“挑战杯”首都大学生课外学术科技作品竞赛	省部级 A 类	特等奖	2017
10	2019 年第九届“挑战杯”首都大学生课外学术科技作品竞赛	省部级 A 类	一等奖	2017
11	2019 年第九届“挑战杯”首都大学生课外学术科技作品竞赛	省部级 A 类	二等奖	2017
12	2021 年第十届“挑战杯”首都大学生课外学术科技作品竞赛	省部级 A 类	二等奖	2021

百年畜牧，桃李满园。从1923年的寥寥数人，到如今每年300余名毕业生走出校门、走向社会。这其中，既有北京大北农科技集团股份有限公司董事长、2009年“改革开放30年饲料行业十大经济人物”邵根伙，著名生物学家、英国皇家学会院士杨子恒等在内的诸多产业精英和科研人才；也涌现出一批以广西壮族自治区来宾市金鸡乡乡长覃春富为代表的深入基层、服务三农，带领人民脱贫致富的榜样典型。一批又一批毕业生们怀揣理想、奔赴山海，在祖国沃土、世界各地挥洒青春，贡献着属于畜牧人自己的力量，用实际行动发扬传承着百年畜牧的闪光精神！

图3-13 学院2021届毕业生在动科动医楼前合影

四、科普示范，饲料博物馆领航畜牧文化传承

中国饲料博物馆（以下简称“饲料博物馆”）位于中国农业大学西校区，动科动医楼北侧，饲料中心科研楼东翼，于2016年11月建成开馆。饲料博物馆是由原饲料中试车间改造而成的，建筑面积3 280平方米，是世界范围内首家以饲料为主题的博物馆，也是学校

第一个博物馆。

饲料博物馆的功能包括以下4个方面：①教学。由原来的以书本教育、课堂教育转变为现场教学与理论教学一体化，探索动物营养学与饲料加工工艺学有机结合，实现实物式、参与式、体验式、示范式教学。②科研。从宏观和微观层面，展示饲料行业在蛋白质工程和能量转换中的地位，为培养创新性人才奠定基础。③科普。让社会了解饲料行业，让饲料行业走向社会。④文化传承。继承传统，直面现实，古为今用，洋为中用，引领未来，丰富校园文化。

图3-14 饲料博物馆正门

博物馆内与教学相关的内容包括如下。

（1）饲料加工工艺展示教学线，拥有完整的混合型饲料添加剂、添加剂预混合饲料、浓缩饲料/配合饲料生产线，涵盖从原料接收到成品打包的全部过程，包括地下1层，地上3层，处于饲料生产工艺各个工序的设备可以打开、运行。

（2）新型饲料加工设备、实物教学模型、电子化教学模型和动画，学生可以拆装饲料设备，在电脑上虚拟饲料设备构造、运行和安装过程，了解信息化和智能化技术在饲料生产过程中的应用。原料产区地理信息还原教学设施，原料生成全息展示教学设备，配方设计互动教学平台，饲料机械结构解剖呈现设施，饲料加工工艺流程模拟教学设备，从饲料原料到产品形成过程情景带入式体验教学空间。同时，博物馆内还展示有饲料行业发展历史、饲料科技发展历史以及各种饲料原料和饲料添加剂。

图3–15　饲料博物馆中展示的饲料加工设备

图3–16　饲料博物馆内原料厅

（3）饲料博物馆是本科生课程——配合饲料制造工艺与设备现场教学场所，也是研究生课程——饲料加工工艺技术专题实践基地，是动物科学专业学生的专业教育地点。同时根据本科生实践教学计划和小学期实习安排，饲料博物馆每年接待学院三年级学生的专业认知实习，饲料学、饲料添加剂学、农业机械等课程老师也带学生来此实习。

饲料博物馆通过孔子曾经在农牧行业从事基层工作、西汉时期的饲料配方与制作、中国历史上最后一位状元刘春霖曾担任中央农事试验场场长等史事的挖掘，展示悠久的中国农业文明和农耕文化，激励莘莘学子学农爱农的情怀；通过饲料工业体系、产前产中产后的严格规范管理，让观众了解饲料与社会的关系，明白工业饲料的安全性是有保证的，饲料工业事关千家万户、国计民生。

从2016年11月开馆以来，饲料博物馆接待了来自亚洲、欧洲、北美洲、南美洲、大洋洲、非洲等60多个国家和地区的来访者，累计到访人员超过3万人次。2019年4月，时任中共中央政治局委员、国务院副总理胡春华到饲料博物馆调研农业科技创新工作基本情况。如今，饲料博物馆已成为中国农业大学的一张文化名片，吸引了饱学鸿儒和国家政要来此参观，学界精英和名人大咖来此讲学论道，莘莘学子至此流连忘返，行业同仁至此探寻饲料知识的源头、梳理畜牧文化的脉络，引起社会媒体的广泛关注，同时也成为农大周边的黄发垂髫休闲之地，初步实现了博物馆在教学、科研、科普和文化传承方面的功能。

饲料博物馆2017年获批“北京市科普教育基地”，2019年馆内原料厅登上《高校博物馆图录》农业类博物馆封面，2020年获批“新时代北京海淀文明实践基地”。2020年11月，在馆内举办了“抗击新冠肺炎中药专题巡展”，受到广大师生的好评，学校党委常务副书记张东军到现场观展、指导。2021年获批2021—2025年全国科普教育基地第一批认定名单，在全国800家单位中，位列第25名。2023年6月，获批北京教育系统关心下一代工作委员会首批挂牌“青少年科普教育基地”。

第四章

立足产业：引领科技发展，科研产出硕果累累

百年间，伴随着岁月变迁、交替更迭，虽经历了战事的摧残、物资的匮乏，畜牧人却没有停止科研的脚步，在理想信念和责任的推动下，他们披荆斩棘、艰苦奋斗，不断提升理论研究能力和实践技能，全力投入国家畜牧业发展大军中，砥砺奋进、勇毅前行，为国家社会主义建设作出积极贡献。迈入21世纪，在科学研究的进程中，畜牧人坚持“顶天立地”，在探索理论前沿的同时，紧紧扎根产业、引领科技发展，全力开创中国畜牧业科研新局面，推动畜牧业现代化发展进入了新阶段。

新中国成立伊始，畜牧系师生身怀满腔报国之情，积极投身社会主义建设的伟大事业中。1951年，为建设西藏，中央决定成立一支科学考察队进藏，贾慎修作为西藏工作队农业科学组的成员，从1951年秋至1953年5月，靠骑马、步行等方式相继考察了藏北索县、那曲、拉萨、林芝、波密、昌都以及青海省东南部玉树和川西邓柯、甘孜等地的天然草被。他翻山越岭、风餐露宿，详细研究了考察沿线不同环境下的草地植物分布状况和草地类型。1953年，贾慎修发表题为《西藏高原自然概况》的学术论文，

图4-1　贾慎修先生（左2）

该文向世界首次揭示了西藏高寒草原的真面目，给后人留下宝贵的第一手科学资料，在西藏草地植被和草地资源研究领域具有开创性和奠基意义，引起了中外科学家和社会的关注。

1950年，畜牧系部分师生参加了东北农业调查团、西北调查团。1951年，部分师生赴察北、绥远牧区实地考察，完成了大量调查研究工作。

1956年8月，中国科学院和高等教育部联合召开青岛遗传学座谈会，吴仲贤教授在会上做了“遗传学和进化论的关系”和“生物科学的新时代——发现遗传密码秘密的重大意义”两场报告，阐述了孟德尔–摩尔根遗传学的理论和新成就。这次会议推动了我国遗传学的改革，是我国遗传学史上的一个转折点。吴仲贤等参会代表在这次会议上坚持科学真理，捍卫了孟德尔–摩尔根遗传学的理论，使会议达成了恢复孟德尔–摩尔根遗传学合法地位的声明。

图4–2　1960年，五一牧场，汤逸人先生（右2）指导学生鉴定羔羊

1954年，为解决我国毛纺织原料供给短缺的问题，国家着手在全国范围内实施绵羊改良计划，优质绵羊种的选育成为落实计划的关键。此时，汤逸人脱去洋装革履，换上粗衣布鞋，奔赴内蒙古、新疆等全国多地广袤的草场进行调查研究以及畜牧科研和生产实践。1958年起，汤逸人主持的国家重要科技项目“绵羊改良的研究”，在生产上获得了可喜成就。

1978年3月，中共中央在北京召开第一次全国科学技术大会，拉开了科技体制改革的序幕，科研工作逐步恢复。在改革开放的春风里，畜牧系科研工作坚持面向实际，面向国民经济主战场，针对城镇居民副食供应紧张，“缺肉少蛋、供奶有限”的情况开展基础研究和应用研究，取得了丰硕成果。经过1979—1980三年的恢复与发展，自“六五”开始畜牧系承担科研任务日益增加，科研经费也有较大提高，产出了一批科学成果，推广畜禽新品种651万头（只），卵用种鸡小群笼养工艺及其配套系列笼具的研制、奶牛饲养标准的研究等项目通过鉴定，屡获省部级以上奖励。在农业史研究方面，张仲葛对我国畜牧科技史和畜牧发展史的探索，产出一批在农学史上具有突出成就的论文和著作。1982年，由单崇浩、戎易、艾文森主持完成的“现代化蛋鸡生产体系的建立与良种蛋鸡的推广”获国家科委、国家农委农业科技推广奖(不分等级)，这是学校首次荣获该奖项。

图4–3　张仲葛先生（左1）指导学生进行农牧业科技史的研究工作

1991年12月，在北京召开的“全国科学技术奖励大会”上，由新疆生产建设兵团承担、北京农业大学参与合作的中国美利奴羊（新疆军垦型）繁育体系项目，荣获1991年度国家科技进步一等奖，这是1991年度全国畜牧业获得的唯一的一等奖。中国美利奴羊的育种工作始于1985年，蒋英教授参与完成了大量

图4–4　与新疆农垦科学院合作的中国美利奴羊（新疆军垦型）繁育体系获得1991年国家科技进步一等奖（左1为蒋英先生）

工作，是中国美利奴羊育成者之一。中国美利奴羊的育成，标志着我国细毛羊养羊业进入了一个新的阶段，对改良我国原有细毛羊、提高净毛产量和羊毛综合品质具有重要作用。几十年来，边培育边推广种羊万余只。据不完全统计，与配母羊已达200万~300万只，经济效益超3.6亿元。

迈入21世纪，动科人秉持“解民生之多艰，育天下之英才”的校训，“立足产业，引领科技发展；以人为本，培养创新人才”的院训，带着老一辈科技工作者拼搏奋斗的精神，在开辟基础研究新领域的同时，积极面向国民经济主战场，以国家畜牧业科技重大需求和国际学术前沿为导向，开展高水平的科学研究。聚焦“顶天立地”目标，不断强化科技创新能力。承担国家重大科研项目、解决重大科技问题能力显著增强，在基础性研究上取得世界学术前沿领先的创新进展，在应用性研究方面取得社会经济效益更加突出的成果。

充足的科研经费是开展教学科研工作的有力保障，“十二五”以来，学院到校科研经费大幅度提升，2011年首次破亿元，2017年达到2亿元，2022年达到3亿元。

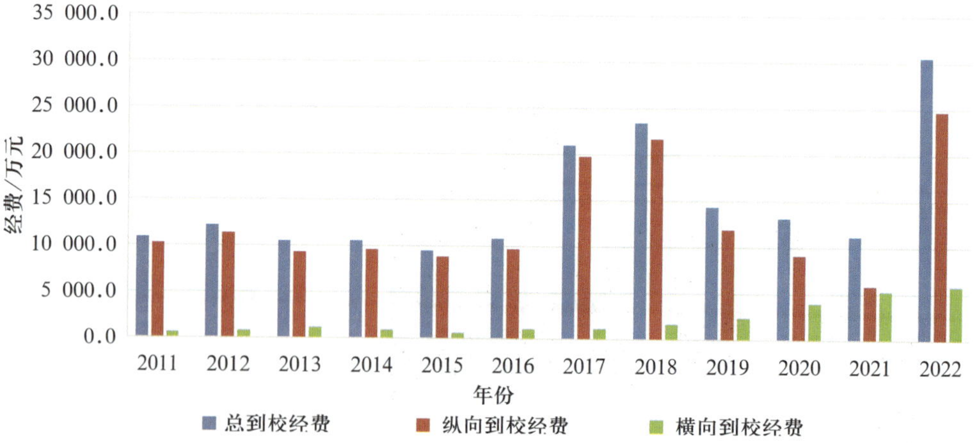

图4-5 2011—2022年，学院到校科研经费情况

承担科研项目数稳步提高，2020年，承担横向科研项目数首次超承担纵向科研项目数；2021年，总立项数超过200项；2022年，总立

项数超过300项。

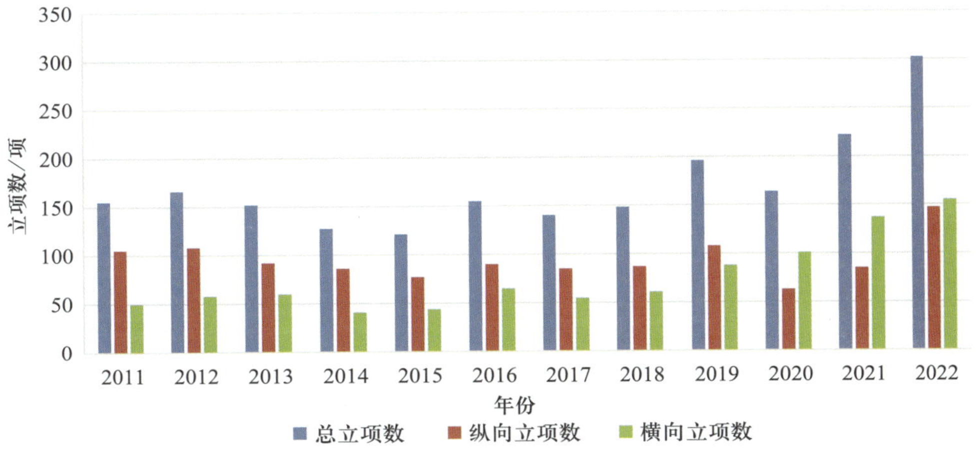

图4-6　2011—2022年，学院承担科研项目数情况

承担国家自然科学基金项目数稳中有升，2011年首次达15项，2019年突破20项。

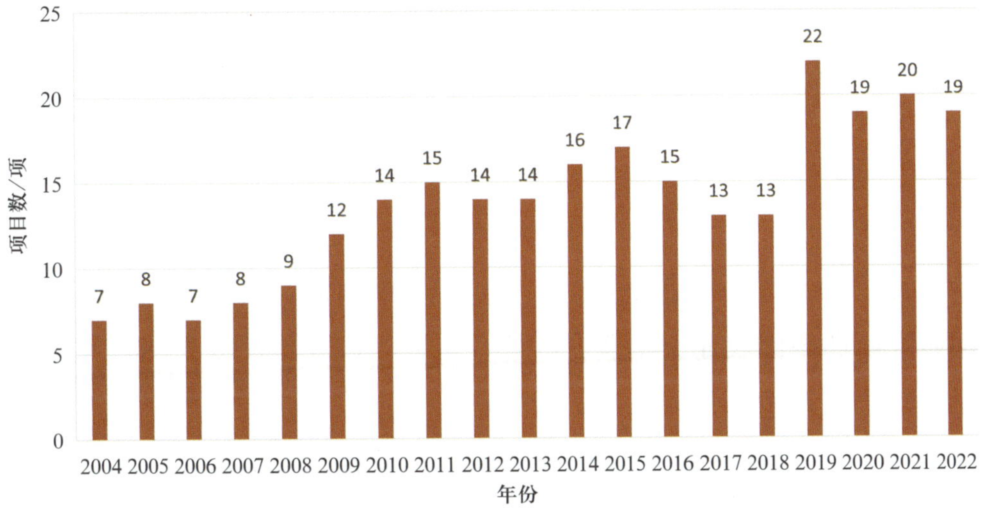

图4-7　2004—2022年，学院承担国家自然科学基金项目情况

国际论文数量和质量大幅度增长。从世界范围看，2017年以来，学院畜牧学科发表论文数居世界第一位。“十三五”期间，学院共发表SCI期刊论文736篇，其中影响因子大于10的论文8篇，ESI排名前10%的SCI期刊论文45篇，CNS系列论文2篇。“十三五”期间学院发

表影响因子大于10的论文8篇。

一、实干笃行，科研平台构成科学研究基本支持

20世纪以来，学院依托学科（群）平台，以科研项目为纽带，实现学科发展、人才队伍建设和科学研究的良性互动。截至2022年年底，学院共获批15个国家级/省部级科研平台（表4–1），包括2个国家级重点实验室、1个国家级研究中心、6个省部级中心、4个省部级重点开放实验室、1个省部级国际科技合作基地和1个省部级综合试验基地，以上平台共同构成了科学研究的基本支撑。以“十三五”规划为契机，学校第三次党代会明确提出畜禽种业振兴的发展目标，在新的起点上，学院进一步夯实科学研究的坚实基础。现将以上平台分述如下。

（一）国家级科研平台

1. 动物营养学国家重点实验室/畜禽营养与饲养全国重点实验室

畜禽营养与饲养全国重点实验室的前身是动物营养学国家重点实验室。动物营养学国家重点实验室是在1990年成立的“农业部动物营养代谢重点开放实验室”的基础上，由国家科技部于2005年3月批准建设，2009年9月通过验收。实验室由中国农业科学院北京畜牧兽医研究所和中国农业大学联合共建，发挥了国家级研究所与双一流大学的优势互补，是我国畜牧一级学科领域唯一的院校类国家重点实验室。畜禽营养与饲养全国重点实验室于2022年在动物营养学国家重点实验室基础上优化重组。

图4–8 畜禽营养与饲养全国重点实验室logo

实验室面向国民经济发展重大战略需求，针对我国畜牧业、饲料工业可持续发展面临的基础性、前沿性和关键性重大科技问题开展研究工作，为解决我国畜牧业发展所

面临的资源短缺、畜产品安全形势严峻、产品品质差等重大问题提供理论依据和方法。有营养需要与代谢调控、饲料安全与生物学效价评定、营养环境学、营养免疫学、营养遗传学5个研究方向。

（1）营养需要与代谢调控　运用动物生理学、生物化学、分子生物学、系统生物学、基因组学、代谢组学以及消化、代谢试验等方法，揭示动物体内主要营养素的消化、吸收、转化的途径，以及影响因素和调控机制；研究动物维持、生长、繁殖、生产和畜产品形成等生命活动的生理生化和生物学机制，以及对养分的需求规律和需要量；制定、修订中国主要畜禽的营养需要量和饲养标准。

（2）饲料安全和生物学效价评定　研究主要饲料养分、新型饲料和饲料添加剂的作用机制、生物学效价评定方法，开发安全高效新型饲料和饲料添加剂；创新建立以体外消化道生物反应器为测试手段的饲料有效能及蛋白质、氨基酸生物学效价评定的技术体系和数据库；揭示饲料中抗营养因子和毒素的组成、作用机制及有害作用的去除或减灭等安全控制方法，以及饲料生物安全的成因及评价的生物学基础；开展转基因饲料安全性评定。

（3）营养环境学　研究揭示环境对动物健康、养分代谢及动物产品质量的影响规律；监测动物应激成因并制定动物福利标准；研究环境应激调控剂及作用，动物个体、群体精确饲养和数字畜牧业关键技术，减少动物环境污染及保护环境的营养措施。

（4）营养免疫学　研究营养物质及饲养工艺对畜禽免疫机能的影响机制；微生物生态与动物免疫力的关系；免疫应激对动物代谢生理、生化及动物产品品质的影响；探讨提高动物健康、免疫力和动物产品品质、安全的营养及饲养工艺技术途径。

（5）营养遗传学　以分子生物学技术在微观层面上创新动物营养学研究方法，重点在分子水平上研究揭示营养物质在动物体内的功能、代谢机理和规律，并利用分子生物学技术评价动物的营养需要量和饲料的营养价值；研究揭示动物营养与遗传育种、畜禽产品品质之间的内在规律及调控机制。

实验室拥有一批先进的仪器设备和从事动物营养学研究的设施，为多学科、多层次、开放合作的科学研究提供良好的科研条件。实验室贯彻落实“四个面向”精神，以确保国家食物安全和动物产品有效优质供给、实现畜牧业可持续发展、有效促进现代畜牧业建设为宗旨，履行科技“保供给、保安全、保生态”的三大历史使命，肩负国家畜牧科技战略力量。

自2005年成立以来，实验室面向解决养殖业快速发展日益加剧的饲料资源短缺、动物产品质量安全、环境排污等产业重大问题，通过承担国家“973”计划、“863”计划、重点研发计划项目组织开展联合攻关和协同创新，取得了一批重大理论创新和技术突破创新性成果。“出成果、出人才、做贡献”业绩突出，为提升畜禽养殖效率缓解粮食安全、养殖减排减抗保障生态安全、畜禽产品安全控制和品质提升、保障肉蛋奶产品有效供给做出了重要贡献，产生了重大经济、社会和生态效益。

实验室承担了国家“973”计划、“863”计划、重点研发计划等重大项目19项，国家自然科学基金重点项目9项、重大项目课题1项、杰出青年科学基金项目4项、优秀青年科学基金项目4项等主要国家级项目70项（总经费7.65亿元）。成果获国家发明专利316项，制定或修订国家或行业标准32项；获国家奖12项（占本领域75%）、省部级一等奖37项。实验室培养了一批高层次创新性人才、一支长期活跃在国内外前沿领域的优秀中青年科学家队伍，其中中国工程院院士3名，国家杰出青年基金获得者、长江学者、万人计划等国家级人才19人，科技部、教育部、农业农村部、基金委国家级创新团队15个。2016—2021年，实验室在全球畜牧领域（AGRICULTURE，DAIRY & ANIMAL SCIENCE）期刊发表SCI期刊论文总量位居第二、被引用总数位居第二，入选科睿唯安ESI全球Top 1%高被引论文20篇、Top 0.1%热点论文5篇。实验室建有国际领先的可控环境动物营养代谢实验基地、国际一流的动物营养与饲养试验场、酶工程与合成生物学中试车间等配套设施。拥有国家饲料工程技术研究中心、中国饲料数据库、中国饲料博物馆等国家级、省部级的科学研究、技术创新中心等16个科技平台，中心实验室向国内外开放运行、绩效评价达国内领先水平。

2022年，动物营养学国家重点实验室经科技部批准重组为“畜禽营养与饲养全国重点实验室”。重组后实验室面向养殖业绿色高质量发展面临的饲料粮短缺、养殖效率低、环境污染严重、产品品质亟待提升等重大产业科技需求，围绕“降本提效、节粮减排”，聚焦“日粮养分协同高效转化机制”“畜禽精准饲养的营养代谢基础”“畜禽产品品质形成的调控机理”科学问题，组织实施畜禽营养代谢与调控、养分高效利用的生物学基础、饲用活性物质创制、畜禽产品品质调控、畜禽精准饲养5个重大科技攻关研究，定位于应用基础研究，构建绿色高效养殖技术体系，建成国际一流的畜牧业科技创新基地、高层次人才培育基地、国际合作窗口和学术交流平台，打造成为特色鲜明、优势显著的国家战略科技力量，支撑畜牧业可持续高质量发展，服务国家粮食安全、食物安全、生态安全重大战略。

2. 畜禽育种国家工程实验室

畜禽育种国家工程实验室于2008年经国家发展和改革委员会批准设立，由中国农业大学承担建设，2014年10月通过教育部组织的专家验收。杨宁教授任实验室主任，侯卓成教授任实验室常务副主任，李孟华教授、安磊教授任实验室副主任，野秀芬任实验室专职副主任。

图4-9　畜禽育种国家工程实验室logo

实验室现有研究和管理人员130人，其中在编人员60人，科研助理40人，博士后30人。在编人员中正高职称人员29人，副高职称人员27人，中级职称人员3人，管理人员1人。实验室拥有从事动物遗传育种与繁殖领域研究的优秀科研团队，拥有中国科学院院士1人、长江学者奖励计划特聘教授1人、国家现代农业产业技术体系首席科学家2人及岗位科学家11人、国家杰出青年基金获得者3人、“万人计划”科技创新领军人才3人、“万人计划”青年拔尖人才1人，教育部“新世纪优秀人才支持计划”12人、北京市科技新星计划4人、现代农业产业技术体系北京市创新团队岗位专家等3人及全国优秀科技特派员1人。在国际学术团体任职者4人、在国内二级学会任副理事长以上职务者8人。拥有教育部创新团队1个、农业部农业科研杰出人才及其创新团队1个。实验室长期以来已形成开放、互补、共享和合作的学术氛围。

2009—2022年，实验室共获批“973”计划项目3项、“863”计划项目8项、国家自然科学基金项目117项，国家科技支撑计划项目24项、国家重大科技专项31项、国家重点研发计划33项等各类纵向科研项目600余项，合同总经费达12亿元。获授权国际专利4件，获授权国家发明专利197件，获实用新型专利21件，外观设计1件，获软件著作权103项；联合有关单位获得国家二类新兽药证书6项，培育和参与培育畜禽新品种及配套系14个。获国家及省部级科技奖励共计48项，其中包括国家技术发明二等奖2项、国家科技进步二等奖4项、北京市科学技术一等奖3项、高等学校科学研究优秀成果技术发明奖1项。获研究生教育成果奖一等奖1项、全国脱贫攻坚奖创新奖1项、中国青年科技奖1项。专利所有权转让及许可30项，收入1 800余万元；通过技术服务、技术开发、技术咨询等以横向项目的形式获得8 000余万元经费。本实验室培养毕业硕士研究生581人、博士研究生365人，发表SCI期刊论文900余篇。

根据种业科技发展趋势，2021年将原实验室畜禽育种规划与遗传评估、畜禽基因资源挖掘与鉴定、畜禽分子标记辅助育种、畜禽胚胎工程与繁殖技术、畜禽转基因育种等5个研发平台，更改为畜禽基因资源挖掘与鉴定、家畜品种改良与遗传评估、家禽品种改良与遗传评估、畜禽胚胎工程与繁殖技术、畜禽基因修饰育种平台。

实验室主要位于中国农业大学动物科学技术学院动科动医楼内，面积13 480平方米，拥有科研仪器设备3 000余台件，设备价值9 000余万元，基本具备从事数量遗传学、分子遗传学、细胞遗传学、免疫和生化遗传学、家畜繁殖学、基因组学等领域科研工作所必需的实验条件，为相关科学研究和技术开发提供了有力保障。

3. 国家饲料工程技术研究中心

国家饲料工程技术研究中心（以下简称“工程中心”）是2000年6月经国家科技部批准立项成立、以中国农业大学和中国农业科学院饲料研究所为依托筹建的我国饲料行业唯一的国家级工程技术研究中心，于2004年11月通过验收，于2007年、2011年、2017年分别被评为“全国运行优秀的工程技术研究中心”。

图4-10　国家饲料工程技术研究中心办公楼

国家饲料工程技术研究中心旨在我国饲料工业行业建立一个具有集成组装国内外科研成果、消化吸收国内外先进技术、研究开发高新技术产品、培养高级技术与管理人才、传播辐射最新行业信息功能的国家级工程技术研究中心。主要承担国家重大科技发展计划和国际合作项目；组装集成国内科研成果；研究开发高新技术产品；引进创新国外先进技术；培养和培训高级技术和管理人才；传播辐射最新行业信息；工程咨询、技术咨询、项目策划。

自成立以来，“工程中心”以中国农业大学和中国农业科学院饲料研究所为依托，引进/培养来自分子生物学、化学、医学、生物工程、计算机等领域的具有博士学位的人才上百人，其中，中国工程院院士

3人、国家杰出青年基金获得者3人，新世纪百千万人才工程国家级人才4人；培养博士、硕士研究生400人以上，培养了11位全国饲料产业前20强企业的技术或研发总监；新组建生物工程实验室、发酵工程实验室、微生物选育实验室、质量标准研究室、制剂与蛋白纯化研究室、检测技术研究室等10个功能化实验室；新购置实验仪器设备1 036台（套），总价值2 100多万元；与亚洲最大的玉米深加工企业长春大成集团联合组建了“饲用氨基酸专业中心”，与天津市畜牧兽医研究所合作共建了“非常规饲料研发中心”，在河北滦平、涿州、丰宁以及北京昌平建立了猪、鸡和水产饲料安全与生物学效价评价基地等10多个研发中心和实验基地；搭建了生物饲料及饲料添加剂实验室研究、小试工艺开发、中试技术熟化及成果产业化的高效研发平台。

近10年来，“工程中心”承担国家和省部级项目63项，研究开发20个工程化技术，形成了92个工程化产品，其中9个产品获国家重点新产品证书。获教育部、农业农村部、北京市等鉴定成果28项；授权专利45项，申请专利60项；集成转移各类技术31项。获国家科技进步二等奖3项、国家技术发明二等奖1项、省部级一等奖5项。利用“工程中心”技术，创办了亚太兴牧（北京）科技有限公司、北京都润科技有限公司等13家高科技企业，实现了抗菌肽、微生态制剂、饲用N-氨甲酰谷氨酸等高技术产品的研发与产业化，创造了2 100多个就业岗位，实现社会经济效益100多亿元。

（二）省部级科研平台

1. 国家家禽测定中心/农业农村部家禽品质监督检验测试中心（北京）

以促进我国家禽事业的发展、为行业提供公正的试验数据和验证结果为目标，在吴常信院士、单崇浩教授、杨宁教授等的积极推动下，中国农业大学国家家禽测定中心于1999年在回龙观试验站开始建设，并于2001年投入使用。当时共建有4栋生产性能测定鸡舍，其中包括2栋产蛋鸡舍、1栋育雏舍、1栋肉鸡舍；另建有一个和试验鸡配套用的孵化厅，建筑面积2 850平方米。承担的主要工作包括：①开展畜禽品质和质量安全检测新技术的研究；②承担国际、国家和行业标准的制定、修订及验证工作；③开展国内外畜禽品质检测技术的交流、培训、指导、服务和咨询工作；④为企业提供技术服务。

图4-11　农业农村部家禽品质监督检验测试中心（北京）logo

跨入21世纪，特别是在我国加入世界贸易组织的形势下，国家农业行政主管部门制定了一系列的方针、政策，其中建立健全农产品质量安全检验检测体系，提高农产品质量安全检验检测水平被列为重要任务，为此，于20世纪90年代末加速了和质量监督管理配套的质检中心建设工作。以此为契机，鉴于我国家禽业快速发展和农产品质量安全检验检测体系建设的重要性，在行业部门的领导下，按照行业标准及农业部产品质量监督检验测试中心基本条件的要求，以中国农业大学国家家禽测定中心为平台，启动了“农业部家禽品质监督检验测试中心（北京）”（以下简称“中心”）的建设，“中心”于2005年6月首次通过了国家计量认证和农业部的机构审查认可。2018年，更名为“农业农村部家禽品质监督检验测试中心（北京）”（现用名）。“中心”承担的主要任务包括：①承担农业农村部及有关政府部门下达的家禽品种、家禽产品质量监督等检验工作，为政府部门决策提供依据；②对国外进口的家禽品种进行质量监督检验，促使国外育种企业向国内提供质量优秀的家禽品种；③按照《中华人民共和国畜牧法》等法规要求，对实施证书管理（种畜禽生产许可证、家禽品种审定、推广许可证等）的家禽品种进行质量检测，以及对新品种投产和科研成果鉴定进行质量检验；④承担企业委托的家禽品种以及产品质量的检验等。

2009年，根据学校整体规划需要，“中心”搬迁，在涿州农业科技园重新建设，形成目前的规模和技术力量。

（1）“中心”概况　拥有建筑面积4 500平方米，设有检测室、办公室、接样室、培训室等。检测一室共有测定舍5幢，包括肉鸡肉鸭测定舍1幢、蛋鸡和种鸡测定舍3幢和育雏育成舍1幢，可同时进行20 000只蛋鸡、7 000只肉鸡或3 000只肉鸭的饲养测试，配套孵化厅1座；检测二室主要开展禽蛋、禽肉品质和遗传背景检测，配套仪器主要有食品物性分析仪、pH计、多功能蛋品测定仪、蛋壳强度测定仪、蛋壳颜色测定仪、蛋壳厚度测定仪、PCR仪、凝胶成像分析系统等。目前，“中心”具备5类产品、36项参数检测的能力。

（2）技术力量　目前在编人员16人，其中高级职称者9人，中级职称者2人，初级职称者及其他人员5人。具有博士学位者10人。

（3）运行效果　①建立了中国地方家禽品种保种效果的分子检测系统。完成了中国主要地方家禽品种（共129个）的采样和保种效果的分子动态检测研究系统，为中国地方家禽品种保护监督、保种效果的检测等工作提供分析平台。②系统开展农业动物杂种优势试验研究。在国家重大基础研究“973”计划项目中，与课题组合作，圆满完成实验动物的配种方案、饲养试验工作。③加强蛋鸡育种效果监测工作。在国家“十五”攻关“畜禽规模化优质高效养殖关键技术研究与产业化示范”项目中，与课题组合作，在中心进行大规模的生产性能测定、育种选育等方法，取得了较快进展。解析了绿壳鸡蛋蛋壳颜色成因。④进一步规范了家禽生产性能测定程序、测定方法并形成标准。颁布了《蛋鸡生产性能测定技术规范》《种鸡人工授精技术规程》两项行标，正在制定《禽种蛋》《农大3号小型蛋鸡》等行业标准。⑤为研究生及本科生的科研、毕业实习提供试验条件，协助发表论文。⑥自2010年以来连续10年承担了农业农村部对种鸡品种质量的监督检验任务，出具监督检测报告50余份；为企业新培育品种提供生产性能测定数据，出具报告60余份。同时获得纵向/横向经费计千万元以上。

2. 农业农村部饲料工业中心

农业农村部饲料工业中心（以下简称“中心”）成立于1996年11月26日，始终以科研为核心，坚持走产、学、研相结合的道路，构建以动物营养和饲料为基础的健康养殖研究体系，为中国饲料工业开发新技术、新产品和新服务。

图4-12　农业农村部饲料工业中心logo及办公楼

“中心”承担着本科生和研究生的《猪营养学》等多门课程的教学任务，以及动物营养与饲料科学专业的硕士研究生和博士研究生的培养工作。在饲料数据库、营养代谢与需要、营养与繁殖、营养与肉品质、生物饲料、饲料加工、抗营养因子与药物残留、饲料质量与安全等研究方向开展科学研究。

为满足科研和教学工作的需要，“中心”不断增加科研设施投入和加快动物试验基地的建设。配备了具有国际一流水准的仪器设备，随着河北丰宁600头基础母猪试验基地的建成，形成了完善的基础研究、技术开发、成果中试与转化的产学研支撑体系。

“中心”十分重视科研团队建设，在传统动物营养学研究的基础上，先后引入分子生物学、动物生理生化、微生物学、细胞生物学、免疫学和分析化学等学科领域的人才，组成了多学科交叉的研究队伍，形成了饲料数据库、营养代谢与需要、营养与肉品质、营养与繁殖、生物饲料、饲料加工、饲料抗营养因子与药物残留和饲料质量与安全等研究方向。现有院士2名，教授（研究员）7名、副教授（副研究员）6名、高级实验师1名，高级畜牧师2名，讲师（助理研究员）2名，科研助理3名；其中“973”计划项目首席科学家1名，国家杰出青年基金获得者2名，教育部新世纪优秀人才4名，农业科研杰出人才1名，中组部青年拔尖人才1名，北京市优秀人才1名，北京市科技新星3名。初步形成了结构合理、创新能力强的研究队伍，建立了“流动与开放、竞争与培养”的用人机制。研究团队2001年获得国家自然科学基金创新研究群体，于2004年11月通过验收，并获得延续资助。

“中心”是世界银行中国饲料项目中唯一的软件项目。作为中国饲料工业的对外窗口，“中心”在“产、学、研”各方面努力搭建与国内外同行进行学术交流与合作的平台，以提高科研队伍素质、把握动物营养研究和饲料加工的发展趋势。

承担重大项目有：①“973”计划项目——猪肌纤维发育与肌内脂肪沉积的机制与营养调控；②公益性行业（农业）科研专项——饲料营养价值与畜禽饲养标准研究与应用；③国家自然基金重点项目——发酵乳酸杆菌调控新生仔猪肠道黏膜屏障功能的机理研究；④科技支撑计划课题——安全高效饲料添加剂研发与产业化示范；⑤支撑计划课题——新型饲料用酶制剂的创制与应用。

获得奖励有：①全面评价了猪饲料的营养价值，主持完成了2004版猪饲养标准的修订，为优质高效猪饲料生产提供了技术指南，“猪优质高效饲料产业化关键技术研究与推广”获2002年度国家科技进步奖二等奖。②突破传统营养的界限，提出“养防并举”向“养重于防”过渡的指导思想，努力寻求营养与品种、环境、免疫等相关领域的交融拓展，在猪健康养殖的营养调控关键性基础理论上取得重大突破，探索了猪健康养殖可持续发展的技术途径，“猪健康养殖的营养调控技术研究与示范推广”获2008年度国家科技进步奖二等奖。③系统研究了大豆抗营养因子对猪的危害机理和消除技术，提高了大豆及其副产物的利用效率，“大豆主要抗营养因子的抗营养机制及钝化机理的研究”获2009年度吉林省科技进步奖一等奖。

3. 农业农村部饲料效价与安全监督检验测试中心（北京）/农业农村部饲料质量安全监督检验中心

图4–13　农业农村部饲料效价与安全监督检验测试中心（北京）logo

农业农村部饲料效价与安全监督检验测试中心（北京）/农业农村部饲料质量安全监督检验中心是依托中国农业大学的第三方检测服务机构，同时为农业农村部指定的新饲料和新饲料添加剂评价试验机构。中心于2004年10月首次通过国家计量认证（CMA）、审查认可和农产品质量安全检测机构考核（CATL），2005年至今先后5次通过复审和扩项审核。经过近20年的发展，中心现拥有一支高素质的人才队伍，共有固定人员32名，90%以上具有畜牧兽医、分析化学或食品科学硕士以上学历。中心拥有1 500平方米分析实验室、2 000平方米自动化控制畜禽代谢实验室和标准化畜禽饲料评价试验基地，并配有液相色谱串联质谱仪、气相色谱质谱仪、电感耦合等离子体质谱仪、膳食纤维分析仪等大型仪器设备50多台套，总价值3 000多万元。中心始终秉持“准确、快速、公平、公正”的宗旨，可为饲料和畜牧企业和科研单位提供常规养分、氨基酸、维生素、微量元素、脂肪酸等营养成分和霉菌毒素、重金属、抗营养因子、生物胺、微生物等有毒有害物质的检测服务，以及猪、鸡饲料有效性和安全性评价服务。

中心近五年年均出具检验报告5 000余份，年均完成企业检测方法验证报告100余份，参加FAPAS、中国食品药品检定研究院等组织的国内外检测能力验证20余项并全部通过，承担企业委托的新饲料和新饲料添加剂产品对猪、鸡有效性和耐受性评价试验30余项。同时中心先后主持农产品质量安全监督专项、“十三五”重点研发食品安全专项课题、国家自然科学基金等省部级以上项目20余项；主持制定、修订国家和农业行业标准10余项，参与制定国家强制性标准《饲料卫生标准》（GB 13078—2017）；以第一或通讯作者在SCI期刊发表论文30余篇，申请国家发明专利12项，已获授权6项。

4. 北京市生鲜乳质量安全工程技术研究中心

北京市生鲜乳质量安全工程技术研究中心(以下简称“中心”)依托单位为中国农业大学，是2015年6月被北京市科学技术委员会正式批准成立的北京市工程技术研究中心。中心目前固定人员团队总计32人，其中高级职称者14人，中级职称者12人。中心在依托单位内建有科研用房面1 042平方米，拥有先进科研设备126台套，设备总值2 760万元；中心在京内建有试验基地2座，配备实验牛舍3栋及配套实验室2间，全进口自动采食槽110台套，在奶牛饲养试验领域，属于全国最大、基建和设施最完善的试验基地，完好地承接了中心在北京地区的相关科研试验和中试生产工作。中心依托国家级重点研究平台，围绕奶牛养殖环境控制研究、奶牛养殖投入品质量安全研究、生鲜乳质量数据库建立及生产成本优化研究，以及生鲜乳质量安全追溯体系研究等4个重点研究方向开展工作，立足于北京市奶业，致力于北京市奶业健康发展，服务京津冀奶业，联合京津冀奶业行业企业和研究机构，共同促进首都经济圈的生鲜乳优质安全生产，为北京市规范、健康、有序发展奶牛养殖和生鲜乳生产提供技术支撑。

5. 农业农村部动物遗传育种与繁殖（家畜）重点实验室

农业农村部动物遗传育种与繁殖（家畜）重点实验室，前身为1992年批准建设的农业部畜禽遗传育种重点开放实验室。实验室依托中国农业大学动物遗传育种与繁殖学科（首批国家级重点学科）。“十三五”以来，根据《农业部重点实验室发展规划（2010—2015年）》和《全国农业科技创新能力条件建设规划（2012—2015年）》的指导意见，动物遗传育种与繁殖（家畜）重点实验室得到了农业部的持续支持。张勤教授、田见晖教授先后担任重点实验室主任。

“十二五”至“十三五”期间，实验室针对我国动物种业在发展关键阶段面临的一系列重大科技需求，凝练科研目标，以应用基础研究为主，兼顾基础研究，重点组织开展现代动物种业的基础性、前沿性以及重大关键、共性技术研究，为动物种业发展提供新理论、新技术和新方法。

作为动物遗传育种与繁殖学科群的综合实验室，农业农村部动物遗传育种与繁殖（家畜）重点实验室承担着解决现代动物种业发展面临的重大关键、共性问题的重任，实验室围绕动物重要经济性状遗传解析、动物育种理论方法及应用、动物遗传资源保护与利用、动物配子与胚胎发育调控、动物繁殖生物技术及应用和动物遗传修饰等6个方向开展应用基础研究和重大技术攻关。组织和协调学科群内22家综合性、专业区域、企业实验室，针对我国动物种业在发展关键阶段面临的一系列重大科技需求，开展协同攻关，将新理论，新技术应用于动物种业的商业化实践。

6. 农业农村部饲料安全与生物学效价重点实验室

农业农村部饲料安全与生物学效价重点实验室由农业农村部于2013年批准建设，依托单位为中国农业大学。实验室以本学科基础和应用基础研究为主，重点围绕新饲料资源开发与生物学效价评定、畜禽营养代谢调控、新型安全饲料添加剂开发及其应用技术研究和饲料安全检测关键技术等研究方向，着力解决动物营养与饲料领域研究中的基础性、方向性、全局性和关键性的科技问题，为动物营养与饲料学科的发展提供新理论、新技术和新方法。

现有实验室面积3 500平方米，配备有高分辨液相色谱串联质谱仪、流式细胞仪、活细胞工作站、荧光定量PCR仪、全自动微生物鉴定系统、双向电泳仪、膳食纤维仪等仪器设备60台套，总价值3 000万元以上。实验室还配套有中国农业大学涿州动物科学教学科研基地、农业农村部饲料工业中心丰宁基地、中国农业大学中美奶牛研究中心延庆基地、中国农业大学科学园动物科学技术学院畜禽代谢试验基地以及肉牛研究中心北京大兴肉牛实习基地等动物试验场所。

7. 畜禽遗传改良北京市重点实验室

畜禽遗传改良北京重点实验室由北京市科委认定，依托中国农业大学于2013年建立，旨在挖掘畜禽特色遗传资源和创新性利用，大力开展具有原创性、前瞻性的科学研究，为北京市畜禽种质产业发展和源头创新提供重要的理论与人才支撑，提升北京市畜禽种质创新能力，推动新品种（或品系）的产业化进程。实验室设立3个研究方向和平台，分别是畜禽遗传资源创新性利用、畜禽遗传改良理论与技术和新品种培育与推广。实验室团队成员在*Nature*、PNAS、*Cell Research*等国际顶级杂志发表了多篇原创性文章。实验室现有固定科研人员24人，其中教授12人、副教授12人，90%以上的人员具有博士学位，北京市科技新星2人，教育部“新世纪优秀人才”5人，北京市“优秀教师”2人，行业体系首席科学家2人，转基因重大专项首席科学家2人，国家“万人计划”青年拔尖人才1人。实验室设立了学术委员会，主任由国际著名动物育种专家吴常信院士担任。

实验室主要进行畜禽特色遗传资源的开发与利用，重点阐述特色性状形成的遗传基础，并开发检测方法和应用技术，实现分子设计育种，在基础理论和应用取得突破，解析畜禽重要性状形成遗传机制；在家畜生物技术遗传改良研发与应用方面，围绕畜禽抗病、脂肪、产肉等性状，开展遗传基础研究，在已有研究基础上，完善和优化新型基因编辑技术，提高编辑效率，实现高效基因靶向整合，开展多基因聚合、基因修饰家畜新群体培育，提升家畜抗病、产毛等性状，为新品种培育提供素材，创制一批基因编辑羊育种新种质；畜禽新品系（种）选育上，利用有效的分子标记及遗传修饰动物，开展分子设计育种和数字化选育，培育特色表型的畜禽新品系（种），巩固首都畜禽种业领先地位。

实验室网站由实验室老师及其团队成员设计搭建，主要用于科学研究，实验室管理，实验耗材试剂招投标，学生个人信息和学院会议室预订等。并且当前与山东单县产业研究院有限公司，天津市畜牧兽研究所，内蒙古草原宏宝食品股份有限公司等多家科研基地和种质资源保护中心建立合作，运用数字化技术，帮助其进行表型数据的收集和分析，并制定科学的选种、保种、选配策略，提高科研数据的统计分析效率和起亚的生产水平。目前已经申请并获得授权计算机软件著作前3项，1项软件著作权在申。

8. 生物饲料添加剂北京市重点实验室

生物饲料添加剂北京市重点实验室于2010年经北京市科学技术委员会正式批准成立，依托中国农业大学建设。实验室总体定位于生物饲料添加剂领域，以我国动物健康养殖、动物性食品安全、生物饲料添加剂产业发展的技术需求为着眼点，以解决我国生物饲料添加剂技术水平偏低、效价和标准研究滞后等问题为目标，利用生物饲料添加剂高效生产和稳定化工艺等共性关键核心技术，形成一个具有国际竞争力的生物饲料添加剂专利池，并通过技术转移、转让等形式将所研究技术转化集成出一批新技术和新产品，打破国际高端企业对生物饲料添加剂技术的封锁与垄断，组建一支具有国际地位的研究开发团队，建设一个具有国际水平的生物饲料添加剂公共技术及关键技术研发实验室。

经过多年的建设，组建了一支以中国农业大学谯仕彦院士为首席科学家，32名博士、22名硕士、7名学士及其他人员组成的共61人的研发队伍。实验室占地面积约3 000平方米，主要包括饲料微生物菌种选育与分子改良、生物饲料添加剂产品研制与工艺、生物饲料添加剂检测与标准、生物饲料添加剂效价与安全、生物饲料添加剂与畜禽健康5个研究室。拥有液相色谱、大型冷冻离心机、梯度PCR等实验仪器设备1 026台套，具备生物饲料研发条件。实验室针对近年来我国动植物养殖、动物性食品安全、生物饲料添加剂产业发展的技术需求，解决了我国生物饲料添加剂技术水平偏低、效价和标准研究滞后等问题，突破了生物饲料添加剂高效生产和稳定化工艺等共性关键核心技术，获得了具有国际竞争力的发明专利30余项，制定了国家标准8项、行业标准7项、团体标准2项，并通过技术转移、转让等形式将所研究技术转化为高科技产品，打破了国际高端企业对生物饲料添加剂技术的封锁与垄断，发挥了重点实验室在全国本领域的高端辐射作用，使北京成为全球生物饲料添加剂的技术创新中心，大幅度提升了我国生物饲料添加剂的国际竞争力，推动了“科技北京行动计划”在农业领域的具体实施。

9. 奶牛营养及生态健康养殖北京市国际科技合作基地

奶牛营养及生态健康养殖北京市国际科技合作基地依托于中国农业大学及动物营养国家重点实验室，核心任务是通过广泛的国际科技合作，促进京津冀地区现代奶牛营养、生态健康养殖技术和标准化生产技术体系的研究、成果示范和推广。

团队自2018年至今，与荷兰瓦赫宁根大学（简称“瓦大”）联合参与了由国际农业研究磋商组织（CGIAR）下属研究所之一——国际热带农业中心（CIAT）主持的“低碳发展（LED）”全球旗舰项目，承接中国奶业低碳发展策略及减排措施等研究任务。2021年，团队提炼项目研究成果，发布了中国规模化牧场碳排放调研报告，并提出了碳减排关键技术清单。

北京市政府与荷兰瓦赫宁根大学合作发起的北京京瓦农业科技创新中心（简称“京瓦中心”），在团队牵头推进和建设下，于2021年7月正式成立，获北京市财政支持建设经费3.5亿元。该中心由孙其信校长任名誉理事长，李德发院士任理事长，李胜利教授任科学主任，当年启动建设奶业、温室园艺和果业3个分中心，包括组建创新团队、确定创新研究方向、建设相应实验室、规划设计3个分中心配套的试验基地等。2022年年底，团队进一步整合国际合作资源，自2013年11月成立并运行的中荷奶业发展中心正式并入“京瓦中心”，并重组命名为“中国国际奶业发展中心”。

10. 农业农村部国家生猪智能化种养循环综合科研试验基地

农业农村部国家生猪智能化种养循环综合科研试验基地位于中国农业大学涿州科技园内，占地110亩，建筑面积18 000平方米，总投资6 200余万元。2021年7月动工，2022年7月竣工，基地完全按现代化猪场标准建设，集自动喂料、自动环境控制、远程管理等先进技术，高度自动化。建有配怀舍、哺乳舍、保育舍、育肥舍、隔离舍、饲料厂、屠宰间、代谢室和化验室等科研生产设施，可满足650头母猪（150头祖代和500头父母代）规模自繁自养的试验需求。

图4–14　农业农村部国家生猪智能化种养循环综合科研试验基地鸟瞰图

试验基地分为综合办公区、试验生产区、核心种群生产区、粪污处理区，可开展猪精准营养、猪营养代谢与免疫、低蛋白日粮、猪肠道健康、肉品质、猪饲料安全性和营养价值评估、猪舍环境控制、废弃物资源化利用等创新性教学和科研工作，是猪饲料原料数据库与中国猪饲养标准的研究基地。基地的建成与投产不仅能实现无动物源性、无抗生素的低排放健康养猪示范生产，还在提高饲料利用效率、降低对大豆的依赖性、缓解饲料资源短缺、保障国家粮食安全和食品安全等方面发挥重要作用，为推动生猪产业转型升级，促进乡村振兴和推进农业农村现代化建设作出贡献。

表 4–1　学院获批国家级/省部级科研平台

序号	科研平台名称	建设时间	批准部门	级别	负责人
	国家级科研平台				
1	动物营养学国家重点实验室	2005.3—2022.11	科技部	国家级重点实验室	呙于明 李胜利
	畜禽营养与饲养全国重点实验室	2022.11	科技部	国家级重点实验室	呙于明 李胜利
2	畜禽育种国家工程实验室	2008.11	国家发改委	国家级重点实验室	杨　宁
3	国家饲料工程技术研究中心	2000.6	科技部	国家级中心	谯仕彦
	省部级科研平台				
1	国家家禽测定中心	1999.9	农业部	省部级中心	徐桂云
2	农业农村部饲料工业中心	1996.4	农业部	省部级中心	李德发
3	农业农村部饲料效价与安全监督检验测试中心（北京）	2003.4	农业部	省部级中心	李德发
4	农业农村部家禽品质监督检验测试中心（北京）	2003.4	农业部	省部级中心	杨　宁
5	农业农村部饲料质量安全监督检验中心	2007.11	农业部	省部级中心	李德发
6	北京市生鲜乳质量安全工程技术研究中心	2015.6	北京市科委	省部级中心	李胜利
7	农业农村部动物遗传育种与繁殖（家畜）重点实验室	1996.11	农业部	省部级实验室	田见晖
8	农业农村部饲料安全与生物学效价重点实验室	2011.7	农业部	省部级实验室	陈义强
9	畜禽遗传改良北京市重点实验室	2013.6	北京市科委	省部级实验室	连正兴
10	生物饲料添加剂北京市重点实验室	2011.3	北京市科委	省部级实验室	谯仕彦

续表4-1

序号	科研平台名称	建设时间	批准部门	级别	负责人
11	奶牛营养及生态健康养殖北京市国际科技合作基地	2018.5	北京市科委	省部级国际科技合作基地	李胜利
12	农业农村部国家生猪智能化种养循环综合科研试验基地	2022.4	农业农村部	省部级综合试验基地	李德发

二、勇攀高峰，自主研发科技成果解民生之多艰

从1978年科学大会以来，畜牧系/动物科技学院作为主报单位共获国家级、省部级科技推广奖、科技进步奖、技术改进奖等百余项。其中，获国家科技进步奖12项、国家技术发明奖2项（主报），分述如下。

（一）国家科技进步奖

1. 简易节能型鸡舍鸡笼的工厂化养鸡工程体系配套技术　王云龙等　1987年

本项成果是20世纪80年代新型的现代化设施养鸡工艺和工程配套的综合技术，包括养鸡工艺、环境规划、鸡舍建筑、机具设备等全部技术,适于我国国情，大、中、小型鸡场及专业户均可采用，适用于各品种的种用鸡、蛋用商品鸡和育成鸡，适于太阳能源丰富的全国各地区。包括以下6方面内容：①简易节能开放型卷帘鸡舍充分利用太阳能，自然通风、结构简单、施工方便，比封闭型鸡舍造价降低了50%，达到鸡群所需环境条件，养鸡效果好；②种鸡和蛋用型商品鸡采用三段饲养工艺，蛋用型各阶段鸡群全部笼养，减少鸡场总建筑面积，提高鸡舍利用率；③蛋用型各种鸡采用雌雄种鸡混养小群笼养自然交配，为网上平养设备投资的1/5～1/4，省人力，效率高，种蛋洁净，污染率极低；④蛋用型鸡鸡笼系列已有2代的笼型，均可组装成20种笼，多用性很强，适于国情；⑤育成鸡专用笼具也有2种笼型，重叠幅度大，为深层笼型，

适用性通用性均强；⑥4层电热育雏笼，分层供温，育雏率高。

到20世纪80年代末已推广250万只鸡位的蛋鸡场，60万只鸡位的种鸡场，大幅度节约了建场总投资，大幅度节约用电，连同蛋用种鸡笼具，建场的鸡舍等共为国家节约投资达2亿元。

典型例证：大港团泊洼20万蛋鸡场和烟台夹河21.8万只蛋鸡场都包括种鸡配套的大型鸡场总投资为同等规模封闭型配套工程鸡场的1/3～1/2，两个鸡场均达日产鲜蛋7.5吨，料蛋比均已降到1∶3以下。

图4–15 时任农业部部长何康来校考察“六五”科技成果展，时任校长石元春介绍情况

2. 以可利用氨基酸为指标配制蛋鸡平衡日粮的研究及应用
戎易等 1995年

戎易教授等从氨基酸分析条件开始进行探索，以准确的样品原料氨基酸分析为前提，建立了HPLC分析饲料氨基酸的方法，系统地研究确定了几种可靠、快速的饲料氨基酸利用率测定方法。同时，测定了几十种国内常用的常规和非常规饲料的氨基酸含量和氨基酸的利用率，研制出了多目标规划优化饲料配方软件，并以

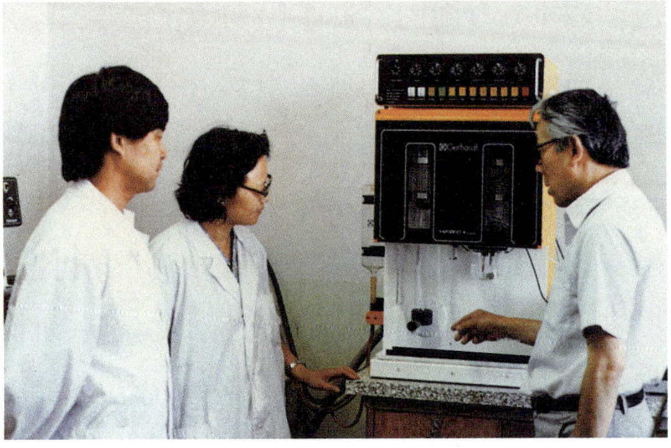

图4–16 戎易教授（右1）与计成博士（左1）在实验室

“理想蛋白”的提出为依据，以可利用氨基酸配制蛋鸡日粮进行饲养实验和大规模的生产，取得了巨大的经济效益和社会效益。这项成果对有效开发利用蛋白质资源、节约饲料成本、减少排泄氮对环境的污染等都具有十分重要的意义。几年来，课题组对蛋鸡全阶段可利用必需氨基酸需要及理想蛋白模式进行了系统研究，并于1995年获国家科技进步二等奖，2004年获北京市科学技术进步二等奖。

3. 节粮小型褐壳蛋鸡的选育　吴常信等　1999年

伴性矮小型*dw*基因能较大幅度地降低鸡的体重，提高饲料转化效率，而对生活力和主要生产性能无显著不利影响。本研究成功地将来源于国外肉鸡品系的*dw*基因导入高产褐壳蛋鸡，选育出矮小型褐壳蛋鸡纯系。在此基础上，在国际上首先推出节粮小型褐壳蛋鸡配套系，即用矮小型褐壳蛋鸡公鸡（快羽）和农大褐DC母鸡（慢羽）杂交，形成三系配套的矮小型褐壳蛋鸡代——“农大褐3号”。同时，还对小型褐壳蛋鸡的营养需要、饲料配方、饲养条件等配套技术进行了研究，提出了一整套适用于小型褐壳蛋鸡的综合饲养管理技术。综合性能测定和实际生产水平表明，小型褐壳蛋鸡的72周龄产蛋数为260枚左右，平均蛋重58克左右，产蛋总重15千克左右，只日耗料约87克，料蛋比约为2.1∶1，最好的能达到2.01∶1。节粮小型褐壳蛋鸡应用于蛋鸡生产，可以提高饲料转化率，更有效地利用我国有限的饲料粮食资源，并使单位鸡蛋的生产成本降低。

图4-17　1995年，吴常信教授在集市上调查鸡的种质资源

图4-18　矮小型蛋鸡与普通型蛋鸡体型比较

4. 中国荷斯坦奶牛MOET育种体系的建立与实施 张沅等 2000年

本研究应用系统工程方法，科学地将胚胎移植技术、计算机技术与数量遗传学方法结合在一个系统中，高效率成批地培育优秀种公牛和高产母牛，称为超数排卵和胚胎移植（MOET）育种体系。

图4–19 2001年，工作中的张沅教授

本项目在4个科学与技术的关键问题上取得了成果：①应用系统工程方法，在计算机技术的支持下，建立了MOET核心群育种规划系统，并利用这一系统，进行MOET核心群育种体系的理论研究，为胚胎生物技术与家畜育种的结合提供了新模式。②设计了应用“群内动物模型BLUP法”的计算机算法，编制了应用计算机软件，解决了精确选择种母牛的技术问题。③通过应用基础研究，发展和完善了胚胎移植技术体系。在技术实施中，取得了高水平成果：超排平均获可用胚胎6.38枚（1 774/278）；移植妊娠率54.2%（658/1 214）；胚胎移植产犊率50.4%（612/1 214），使胚胎移植技术达到了实用化程度。④奶牛MOET育种体系的具体实施，应用本项目的理论与技术研究成果，在奶牛群中实施了优化MOET核心群育种方案，选育出了优秀种公牛18头（育种值平均高出同期同龄公牛20%以上），培育出278头高产种母牛（头胎平均产奶量高出同期同龄牛18%）。

本项目成果的应用与推广主要体现在：实施奶牛MOET育种体系，成批地培育优秀种牛，通过精液、胚胎和种牛等育种材料，将核心群的遗传优势向全国牛群推广。向全国推广优质精液266万份，项目已获经济效益1.12亿元。MOET育种体系若能正常运行，每年预期可培育

15~20头优秀种公牛，每年向全国推广优质精液90万~100万份，可承担50万头奶牛的遗传改良任务，使牛群的遗传进展加快20%~30%，并提高25%的育种效益。本项目由中国奶牛协会、中国农业大学、中国农业科学院畜牧研究所、北京奶牛中心、新疆畜牧科学院及北京奶牛育种中心良种场共同完成。

5. 畜禽遗传资源保存的理论与技术　吴常信等　2001年

本项研究系统地阐明了畜禽遗传资源保存的理论，分析了影响保种的遗传因素，提出保种的优化设计，解决了保种群体的大小、世代间隔的长短、公母畜最佳的性别比例和可允许的近交程度等一系列保种的实际问题。同时也明确了遗传资源保存的对象是群体，保存的方式可以是冻精、冻胚甚至是细胞株，但在今后相当长的时期活畜保种仍是主要方式。遗传资源保存的目的是利用，不仅要考虑到当前的可利用性，而且也要考虑今后的可利用性。保种与选育是矛盾统一的，保种群的选育必须与保种目标相一致。

图4-20　2015年，吴常信教授调查鸡舍养殖情况

在技术方面，着重解决了畜禽遗传资源保存的宏观和微观两方面的技术问题。在宏观上采用计算机技术对保种的理论问题和遗传漂变、选择、迁移、近交等进行计算机模拟，分析保种的长期效应，同时引入地理信息系统和图像分析系统对遗传资源进行动态的管理。在微观上采用分子生物技术，通过对DNA多态性分析，研究种群间的亲缘关系，并对某些有特殊功能的基因如猪的肥胖基因和肥胖受体基因、肌红蛋白基因，鸡的生长激素受体基因、慢羽基因，以及反刍动物的乳蛋白基因、酪蛋白基因等进行研究，为今后对遗传资源的开发利用提供依据。

本项目的研究成果还表现为在国内外的学术刊物和重要学术会议

上发表论文200余篇，培养研究生25名。经中国科学院、中国农业科学院和中国国家图书馆等权威文献信息中心的检索，所发表的论文有98篇被收录，有91篇次被引用，许多国家的同行学者多次来函索取论文单行本。这说明本项研究成果产生了广泛的国际影响。

在畜禽保种和利用的生产实践中，许多单位采纳了本项研究提出的理论和技术。仅猪、鸡2个畜禽品种，3年内就取得了显著的社会效益和经济效益，创新增利润1 238.15万元，新增税收87万元。

6. 猪优质高效饲料产业化关键技术研究与推广　李德发等　2002年

经过12年的科技攻关，在全国8个单位250多人通力合作下，本研究取得如下创新性成果：①探明了“理想蛋白质”促进猪肉蛋白质沉积的机理，提出我国典型商品肉猪的氨基酸平衡模式；②在方法学研究的基础上，测定了60种常用猪饲料的氨基酸回肠消化率，建立了我国首个猪饲料氨基酸消化率数据库；③构建了我国第一个猪营养需要动态模型，修订“中国猪饲养标准”，提出了泌乳母猪和仔猪抗应激营养调控技术；④确立了不同类型产品的加工工艺参数，研制各种配方技术105套。项目达到的主要技术性能为：仔猪成活率95%以上，20～90千克饲料增重比（2.87～2.91）：1。到2001年年底，已累计推广各类饲料2 520万吨，实现直接经济效益15亿元。

图4-21　2005年10月13日，吴邦国委员长来校视察，时任校长陈章良陪同，李德发教授介绍情况

目前，项目组根据饲料营养技术的新发展和养猪技术及猪生产潜力的进步，仍在继续进行研究与推广工作。本项目由中国农业大学、广东省农业科学院畜牧研究所、湖南正虹科技发展股份有限公司、重庆市养猪科学研究院共同完成。

7. 猪健康养殖的营养调控技术研究与示范推广　李德发等　2008年

本研究以我国生猪健康养殖的饲料营养问题为主线，在国内率先建立猪免疫应激模型，阐明日粮氨基酸、脂肪酸等重要营养素对免疫功能和肠道健康的调控机理，为提高猪抗应激能力和肠道健康的日粮配制做了丰厚的技术储备；改进猪饲料养分利用率的测定方法，测定了62种饲料消化能，系统研究了3种新型饲料和21种非常规蛋白饲料的营养价值，开发4种提高饲料利用率的酶制剂，为缓解资源短缺、降低环境污染的日粮配制提供了重要数据；开发3种可部分替代抗生素、增强免疫力和抗病力的添加剂，为健康养殖的日粮配制提供了物质基础；研究形成规模化和农户散养模式下猪健康养殖营养调控技术措施，制定了五阶段饲养饲料配制技术方案；首次建立猪饲料中13种违禁药物的同步检测技术及转基因豆粕生物安全评价技术，制定了6个有关饲料安全的国家和行业标准，在示范区内建立饲料和生猪安全生产HACCP管理体系，为健康养殖提供了重要的技术支撑。

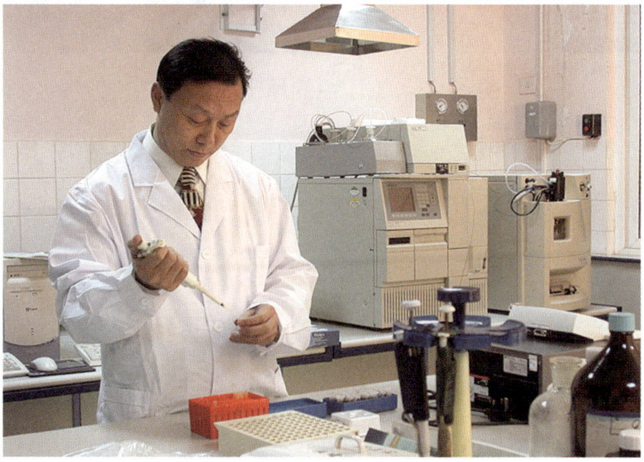

图4-22　2008年，工作中的李德发教授

技术经济指标：规模饲养条件下，断奶仔猪腹泻率降低8.1%~16.1%，饲料转化率达2.75~2.88；分散饲养条件下，断奶仔猪腹泻率降低21.5%~31.9%，饲料转化率达2.80~2.96；氮和磷排泄量分别减少25%~37%和18%~35%，猪肉卫生指标符合国家相关标准要求。

本项目由中国农业大学、四川南方希望实业有限公司、湖南正虹科技发展股份有限公司、广东省农业科学院畜牧研究所、唐人神集团股份有限公司、海口农工贸（罗牛山）股份有限公司共同完成。

8. 肉鸡健康养殖的营养调控与饲料高效利用技术　呙于明等　2011年

本项目围绕肉鸡全肠道系统发育及其调控、应激代谢病机制及其调控、免疫抗病力和鸡肉品质性状发育的饲料营养调控技术及饲料高效利用与氮、磷和微量元素Zn、Mn、Cu等减排技术等进行了研究。取得的相关技术和成果可以有效改善肠道微生态环境和肠道健康；增强肉鸡接种疫苗后的抗体生成能力和其他方面的免疫抗病力；有效控制营养代谢病发生率和减少死亡率；提高鸡肉贮存期间的稳定性；大幅度降低N、P、Zn、Mn和Cu的排放，减轻肉鸡养殖对环境的污染。

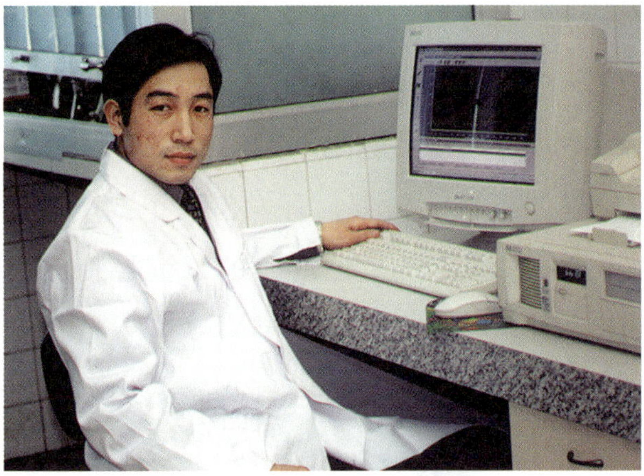

图4-23　工作中的呙于明教授

本项目发表科技论文138篇（SCI收录42篇），出版专著4部；获得国家授权发明专利13项；研发鉴定新饲料产品4个；起草制定8项国家或行业标准与规范。

自2006年开始，成果应用到肉鸡养殖及饲料行业，已生产肉鸡配合饲料1 900余万吨、饲养肉鸡39亿余只，累计增收18.96亿余元人民币，取得了显著的经济效益。其中，饲料生产增收4.67亿元，肉鸡养殖增收14.29亿元；培养研究生78名、国家杰出青年基金获得者和“新世纪百千万人才工程”国家级人才各1名，2009年教育部创新团队1个；培训人员2.8万余人次；培育了中国名牌“六和牌”“大用”“象丰”“赛优”和“优农”等知名肉鸡饲料品牌，以及“大用”知名鸡肉品牌。

本项目由中国农业大学、河南省农业科学院畜牧兽医研究所、山东六和集团有限公司、河南大用实业有限公司及北京北农大动物科技有限责任公司共同完成。

9. 奶牛饲料高效利用及精准饲养技术创建与应用　李胜利等　2014年

本项目自1994年开始，针对制约我国奶业发展的饲料与营养方面的重大技术问题，围绕奶牛主要营养素代谢基础理论、饲料营养价值评定和精准饲养技术体系，开展了系统的理论和技术创新及应用，取得了一系列成果，为提高奶牛单产、乳蛋白率和饲料转化率，降低甲烷、氮和磷环境排放量提供了理论和技术支撑，推动了我国奶牛营养科学的进步。

①揭示了关键营养素对奶牛营养代谢机理及调控作用，构建了提高乳蛋白率和饲料转化率的关键技术。②创建了中国奶牛营养需要和饲养标准，建立了中国奶牛饲料营养价值数据库。③创建了奶牛精准饲养技术体系。

图4-24　李胜利教授（右2）在养牛场指导工作

本项目获得专利20项（其中发明专利9项），软件著作权6项，制定行业或地方标准5项；出版专著15部，发表论文387篇（SCI收录33篇）；培养博士24名、硕士135名。近三年本项目的核心技术作为农业农村部主推技术得到广泛应用，累计培训1.7万人次，示范奶牛507万头次，技术支撑了三元绿荷、天津嘉立荷等世界一流奶牛养殖企业，培育了2个有机奶知名品牌；新增产值45.4亿元，新增利润7.0亿元。部分成果获得中华农业科技进步一等奖、教育部科技进步（推广类）一等奖、河北省科技进步一等奖和山东省科技进步一等奖。

10. 畜禽饲料中大豆蛋白源抗营养因子研究与应用 谯仕彦等 2015年

本项目首次系统揭示了饲料中大豆主要抗营养因子（ANFs）对畜禽的危害作用，解决了其作用机理长期不明的难题；创建了大豆ANFs检测技术体系，开发了大豆ANFs钝化降解系列新技术和新方法，解决了低抗营养性优质大豆产品的生产工艺关键技术难题；确定了大豆ANFs对不同种属和生理阶段畜禽的抗营养阈值，建立了大豆蛋白源饲用价值数据库，构建了高效利用技术体系。发表论文201篇，出版专著1部，获得发明专利18件，获省部级科技一等奖2项。

图4-25 谯仕彦教授工作照

11.“农大3号”小型蛋鸡配套系培育与应用 杨宁等 2015年

我国是世界上最大的鸡蛋生产国和消费国，蛋鸡饲养量长期位居世界第一。由于我国饲料资源短缺，培育具有突出饲料转化效率的蛋鸡新品种具有重大的战略意义和社会经济价值。本项目以“节粮”和“优质”为主要育种目标，采用创新的育种技术，培育出“农大3号”小型蛋鸡配套系，并广泛推广。以该品种为基础，建立标准化饲养技术体系和优质鸡蛋加工技术，推动了蛋鸡全产业链技术体系的发展。

（1）培育出世界上第一个矮小型蛋鸡配套系。利用高效的育种手段进行了纯系选育，通过矮小型蛋鸡纯系与高产蛋鸡纯系进行三系杂交，培育出了“农大3号”小型蛋鸡配套系。新品种具有节粮、高产和优质等突出优点，通过了国家畜禽新品种审定。经过10年的持续选育，商品代蛋鸡饲养日年产蛋数达306个，料蛋比1.99：1，产蛋期成活率95.4%。开发出具有我国自主知识产权的禽白血病病毒检测试剂盒，通过对疾病监测和垂直传播疾病净化技术的改进和应用，提高了种鸡质量和成活率。

图4-26 杨宁教授（右1）与养殖户交流

（2）构建了集精细化育种流程、高效选择方法和特色功能基因利用为一体的优质高效蛋鸡育种技术体系。开发了包括生产性能数据采集和遗传分析的育种管理软件，建立了“先选后留”与“先留后选”相结合的选育技术，提高了选择准确性。利用分子育种技术，在“农大3号”小型蛋鸡育种核心群中彻底剔除了鱼腥味敏感等位基因，形成了无鱼腥味遗传背景的蛋鸡，改善了鸡蛋风味。获得了与鸡产蛋量、蛋品质和抗病性等高度关联的基因标记28个。

（3）建立以“农大3号”蛋鸡为核心的全产业链技术体系。针对矮小型蛋鸡特殊的体型、生理特点和营养需要，研制了育雏期和产蛋期专用预混料，促进其遗传潜力发挥，保障了鸡蛋的品质和安全；制定了从种鸡到商品鸡的生产技术规程，确定了种鸡、商品鸡笼养和放养模式下的饲养方案，形成了特色的标准化养殖技术，研制了小型蛋鸡专用笼具；研发了鸡蛋品质检测新技术，为提高产品品质奠定了基础；利用其蛋黄比例大、蛋品质优良等特点，研制新型鸡蛋制品；通过生产全过程质量控制体系，建立“神丹”“依山依林”等优质鸡蛋品牌。

本项目获得国家畜禽新品种证书1个，国家授权发明专利7项，实用新型专利2项，新兽药注册证书1个，计算机软件著作权7项，出版专著3部，发表学术论文82篇，其中SCI收录36篇。“农大3号”蛋鸡已连续4年入选农业农村部主导品种，商品代辐射到全国28个省区市，累计推广饲养量达6.3亿只，节省了500多万吨饲料。近3年推广新品种和配套饲养技术新增产值27.89亿元，新增利润7.25亿元，取得了重大的经济、生态和社会效益。

12. 中国荷斯坦牛基因组选择分子育种技术体系的建立与应用　张勤等　2016年

通过育种实现群体遗传改良是提高奶业生产水平和效率的关键。我国奶业生产水平与发达国家有较大差距，根本原因是我国奶牛群体的遗传水平低，依靠传统的育种技术难以改变这种状况。以基因组选择为核心的分子育种技术为之提供了机遇，与传统育种技术相比，该技术可大幅度提高群体遗传改良速率和生产效益。项目组系统开展了奶牛基因组选择分子育种技术研究，取得了一系列重要创新性研究成果，建立了完善的技术体系，并大规模产业化应用。主要技术创新点如下。

图4-27　张勤教授

（1）创建了具有自主知识产权的中国荷斯坦牛基因组选择技术平台，提升了我国奶牛遗传评估的整体技术水平。构建了我国唯一的奶牛基因组选择参考群体，该群体由6 000头母牛和400头验证公牛组成，对每头牛测定了高密度SNP标记基因型和产奶、健康、体型、繁殖等34个性状的表型；研发了TA-BLUP、Bayes TCπ等基因组育种值预测新方法以及利用低密度芯片进行基因组育种值预测的优化策略；开发了对海量基因组数据快速处理和基因组育种值计算平台。

（2）发掘了一批奶牛重要经济性状功能基因，为提高基因组选择准确性提供了重要基因信息。率先在我国奶牛群体中利用高密度SNP标记进行了产奶、健康、体型和繁殖性状的大规模全基因组关联分析，并利用多种组学技术发掘了71个与这些性状显著关联的候选基因，首次在国际上报道了*PTK2*、*EEF1D*、*UGDH*、*GPIHBP1*、

PDE9A、*HAL*、*SAA2*等影响产奶性状的重要功能基因，并证实了*DGAT1*和*GHR*基因对中国荷斯坦牛产奶性状具有显著遗传效应。

（3）研发了奶牛遗传缺陷和亲子关系的分子鉴定技术，建立了我国荷斯坦种公牛遗传缺陷及亲子关系监控体系。研发了CVM、BLAD、DUMPS、CTLN、BS等5种奶牛主要遗传缺陷的基因诊断技术和利用微卫星或SNP标记进行亲子关系的鉴定技术，完善了奶牛分子育种技术，填补了国内空白。

（4）创建了中国荷斯坦牛基因组选择分子育种技术体系，成为我国荷斯坦青年公牛遗传评估的唯一方法。根据我国奶牛育种的实际情况，首次提出中国荷斯坦牛综合遗传评估的基因组性能指数（GCPI），研发了以基因组选择为核心的综合性分子育种方案，并在全国实施。

基因组选择分子育种技术被农业农村部指定为我国荷斯坦青年公牛的遗传评估方法，自2012年起在全国所有种公牛站推广应用，取得了显著成效，表现在：①公牛选择准确性达到0.67～0.80，较常规选择技术提高了22%；②公牛世代间隔由常规育种的6.25年缩短到1.75年；③年遗传进展达到0.49遗传标准差，较常规选择技术提高1倍，每头母牛的年产奶量提高225千克；④经济效益显著，自成果应用以来，已获经济效益13.35亿元，预计未来5年还将产生经济效益96.12亿元。

本项目获2015年北京市科学技术奖一等奖，国家授权发明专利15项、软件著作权14项，发表学术论文89篇（其中SCI收录67篇），出版学术专著2部，制定国家标准1项。

（二）国家技术发明奖

1. 新型饲用氨基酸与猪低蛋白质饲料创制技术　谯仕彦等　2019年

本项目属农业养殖领域。项目独创赖氨酸硫酸盐低成本生产工艺；国际首创苏氨酸、色氨酸无离子交换的结晶提取新技术；发明了精氨酸内源合成激活剂NCG生产新工艺；创建了猪不同生理阶段低蛋

图4-28 谯仕彦教授

白质饲料技术体系。项目总体处于国际先进水平，提出并实现的氨基酸外源供给协同内源合成丰富了氨基酸营养理论，推动了学科发展；研制的产品出口到35个国家，创建的低蛋白质饲料体系累计节约大豆1 200万吨。近3年新增销售额229.01亿元，利润28.58亿元。

2. 良种牛羊卵子高效利用快繁关键技术 田见晖等 2020年

良种是畜牧业的基石。然而，长期以来，我国畜牧业一直面临良种繁殖率低、数量少等问题，成为制约核心种源自给率和优良品种推广速度的重要瓶颈，长期困扰我国牛羊产业。为保障我国牛羊产业健康发展，十几年来，田见晖教授团队，从卵子高效利用技术入手，面对一个个长期困扰这个领域的瓶颈，从一点一滴的理论探索和技术创新做起，攻克了30多年来困扰全球动物繁殖学和胚胎生物技术领域的科学和技术难题，打破了国外企业对关键繁殖调控药物的垄断，先后开发了卵子细胞核-质同步成熟、体外胚胎发育校正、体内排卵精准控制等国际领先的原创技术，让国外的科学家和产业界看到了中国团队在动物繁殖科学和技术难题面前攻坚克难和创新创造的实力与决心。高效快速扩繁产业化是构建畜禽种业自主创新体系的重要内容，对于提升畜禽核心种源自给率、培育自主品种，实现我国由种业大国向种业强国的历史性转变具有重大意义。今后，田见晖教授团队将和动物种业相关的广大科技工作者一起，为贯彻落实习近平总书记关于种业发展的重要指示精神，服务国家农业科技自立自强，打赢动物种业翻身仗，实现我国养殖业可持续发展贡献力量。

图 4-29　田见晖教授（一排左 3）团队

表 4-2　1978—2022 年学院科研获奖成果（主报，省部级及以上）

受奖成果名称	授奖种类	受奖主要人员
	1978 年	
肉牛冷冻精液杂交改良当地黄牛	河北省科学大会科技成果奖	冯仰廉，南庆贤，张志文
芦花、芦白良种猪改良研究	河北省科学大会科技成果奖	师守堃，付永芳，李素芳
肉牛同期发情及围栏放牧	河北省科学大会科技成果奖	贾慎修，董　伟，安　民，冯仰廉，刘少伯，南庆贤，朱长玉，王　培，王德胜，周建民
	1979 年	
利用国产激素控制母畜同期发情	农业部技术改进二等奖	董　伟，安　民，刘少伯，杜玉川，马理武，张忠诚
	1981 年	
根据谱系、半同胞、全同胞、后裔及个体本身的不同组合综合评定牲畜的遗传值的公式推导	农业部技术改进一等奖	吴仲贤
用 90 公斤初乳的犊牛早期（30 天）断奶试验	北京市科技成果三等奖	冯仰廉，周建民，于春明

续表 4–2

受奖成果名称	授奖种类	受奖主要人员
1982 年		
现代化蛋鸡生产体系的建立与良种蛋鸡的推广	国家科技推广奖	单崇浩，戎　易，艾文森
1983 年		
南山山地草场牧草引种及改良和发展养牛业的技术措施	农牧渔业部技术改进一等奖	冯仰廉，贾慎修，王　培，张志文，南庆贤，李连捷，林昆华，郑明高，孔繁瑶，甘孟候，刘国强，徐远生
北京现代化蛋鸡生产成套技术的开发	北京市科技成果一等奖	戎　易，吴常信，单崇浩，王庆民
北京黑猪培育	北京市科技成果一等奖	张仲葛，王连纯，师守堃
良种细毛羊军垦 B 型品系育成	新疆生产建设兵团科委优秀科技成果奖	蒋　英，张伯洪，叶其铿
组合式开放型笼养蛋鸡自然通风鸡舍	农牧渔业部技术改进二等奖	王云龙，孙晓征，王庆民，单崇浩，刘国栋
1984 年		
开放型简易节能笼养鸡舍	北京市科技成果二等奖	王云龙，单崇浩，王庆民，孙晓怔，刘国栋
用 90 公斤初乳的犊牛早期断奶试验	农牧渔业部技术改进二等奖	冯仰廉，周建民
1985 年		
良种细毛羊选育	国家计委、国家经委、国家科委、财政部“六五”国家科技项目表彰奖	蒋　英
卵用种鸡小群笼养工艺及配套系列笼具研制	农牧渔业部科技进步二等奖	王云龙，李宝珍，孙晓征，单崇浩，王庆民

续表4–2

受奖成果名称	授奖种类	受奖主要人员
北方山区草地综合改良技术	农牧渔业部科技进步二等奖	贾慎修，王　培，史德宽，夏景新，陈默君，朱长玉，贾志海，常小国
奶牛饲养标准	农牧渔业部科技进步三等奖	冯仰廉，周建民，张志文
1986 年		
良种细毛羊培育	新疆生产建设兵团司令部在兵团攻关中做出成绩，以资表彰	蒋　英
应用遥感技术调查草地资源	农牧渔业部科技进步三等奖	贾慎修，夏景新
北方山地发展肉牛业的技术措施	农牧渔业部科技进步三等奖	冯仰廉，张志文，南庆贤
1987 年		
简易节能型鸡舍、鸡笼工厂化养鸡工程体系配套技术	国家科技进步三等奖	王云龙，单崇浩，王庆民，李宝珍，孙晓怔
中国综合农业区划	全国区划委员会农业区划一等奖	贾慎修，王　培，刘少伯，石元春，毛达如，胡秉方
我国鹅（鸭）肥肝生产技术及饲养工艺的研究	北京市科技进步三等奖	艾文森，郎震美，刘志同，陶才美
1989 年		
自控大型双呼吸测热箱的研制	农业部科技进步三等奖	冯仰廉，洪　嵘，张晓明，陈　晔，李爱科，张志文
1992 年		
蛋鸡育种的理论与实践	农业部科技进步二等奖	吴常信，单崇浩，王庆民，杨　宁，张兆才，陈淑勤，李吉祥，宁国杰，包锡德，于淑梅，王振福，谢德润，张维汉，宁中华，司彩霞

续表4-2

受奖成果名称	授奖种类	受奖主要人员
	1994 年	
反刍家畜蛋白质营养饲养（小肠蛋白质）新体系	农业部科技进步三等奖	冯仰廉，莫　放，张晓明，朱小军，金遐良，乔富龙，李恒志，杨雅芳，贺文杰，张志文，赵广永，唐静芳，陈万钟
	1995 年	
以可利用氨基酸为指标配制蛋鸡平衡日粮的研究及应用	国家科技进步二等奖	戎　易，谢志浩，计　成，许万根，王禹顺，刘长明，李建魁，田河山，石满仓
	1997 年	
早期断奶乳猪料配置技术及营养参数	农业部科技进步三等奖	戎　易，陈俊海，蒋宗勇，高振川，张　继，计　成，李　杰，李爱科，王坚能，林映才，李舒宏，徐孝义，姜云侠，邓跃林，吴世林
	1998 年	
生长育肥猪预混料配方技术研究	北京市科技进步三等奖	李德发，谯仕彦，冯定远，王若军
节粮小型褐壳蛋鸡的选育	农业部科技进步二等奖	吴常信，杨　宁，宁中华，王庆民，袁建敏，单崇浩，王　忠，戴茹娟，于淑梅，宋文品
	1999 年	
节粮小型褐壳蛋鸡的选育	国家科技进步二等奖	吴常信，杨　宁，宁中华，王庆民，袁建敏，单崇浩，王　忠，戴茹娟，于淑梅，王振福，宋文品，杨长锁，谢承光，隋本盛
畜禽遗传资源保存理论与技术	农业部科技进步一等奖	吴常信，张　劳，杨　宁，师守堃，储明星，朱士光，张晓岚，戴茹娟，赵兴波，徐　伟，于息江，郭万库，杨长锁，吴克亮，李　桢

续表4–2

受奖成果名称	授奖种类	受奖主要人员
2000 年		
中国荷斯坦奶牛 MOET 育种体系的建立与实施	国家科技进步二等奖	张　沅，许宗良，罗应荣，陈静波，张　勤，宣柏华，朱化彬，龙福增，王安江，洪广田
哺乳动物胚胎玻璃化冷冻保存技术的研究与应用	北京市科技进步二等奖	朱士恩，曾申明，田见晖，余文莉，李树静，张忠诚，陈永福
反刍动物能量转化规律及调控	北京市科技进步二等奖	冯仰廉，李胜利，莫　放，赵广永，张晓明，杨雅芳，韩继福
《畜禽育种中的线性模型》（科技专著）	北京市科技进步三等奖	张　沅，张　勤，朱长玉
植酸酶对蛋鸡磷、钙及锌、锰利用的研究	北京市科技进步三等奖	计　成，何　欣，马秋刚，范　凌
大豆抗营养因子对畜禽的危害机理及有效失活方法的研究	中国高校科学技术奖自然科学二等奖	李德发，霍贵成，秦贵信，谯仕彦，杨丽杰，姜海龙，王凤来，李素芬，王淑萍，姜建阳，贺　英，徐良梅，沈昌林，娄玉杰，张永成，张丽英，朱晓萍，陈　勇
2001 年		
畜禽遗传资源保存的理论与技术	国家科技进步二等奖	吴常信，张　劳，李　宁，师守堃，储明星，朱士光，张晓岚，戴茹娟，赵兴波，徐　伟
华北农牧交错带草地畜牧业高效发展技术	中国高校科学技术奖科技进步二等奖	韩建国，贾志海，周　禾，毛培胜，戎郁萍，富俊才
猪优质高效饲料产业化关键技术研究与推广	中国高校科学技术奖科技进步一等奖	李德发，谯仕彦，马永喜

续表4-2

受奖成果名称	授奖种类	受奖主要人员
2002 年		
猪优质高效饲料产业化关键技术研究与推广	国家科技进步二等奖	李德发，谯仕彦，蒋宗勇，刘作华，林映才，宋中山，杨坤明，马永喜，熊本海，张丽英
优质高产牧草及牧草种子生产技术的推广	全国农牧渔业丰收奖二等奖	韩建国
2003 年		
牛羊胚胎工程产业化技术体系的研究与应用	教育部提名国家科学技术奖科技进步二等奖	朱士恩，曾申明，李树静，张忠诚，吴德国，刘国世，田见晖，洪琼花，冯建忠，付静涛，陈永福，桑润滋，魏建生，柳占奇
2004 年		
绒山羊绒毛生长机理及舍饲半舍饲营养调控技术研究	北京市科学技术二等奖	贾志海，朱晓萍，富俊才
蛋鸡全阶段可利用必需氨基酸需要及理想蛋白模式	北京市科学技术二等奖	计　成，马秋刚
2005 年		
“双肌臀”大白猪的引进和推广	全国农牧渔业丰收奖三等奖	吴克亮
“农大 3 号”小型蛋鸡新品种的推广	全国农牧渔业丰收奖一等奖	杨　宁
2006 年		
猪健康养殖的营养调控技术研究与示范推广	高等学校科学研究优秀成果奖－科技进步一等奖	李德发，谯仕彦，马永喜，朴香淑，臧建军
2007 年		
青南地区适用草种选育	青海省科学技术奖二等奖	王　堃，戎郁萍，韩建国

续表4-2

受奖成果名称	授奖种类	受奖主要人员
2008 年		
猪健康养殖的营养调控技术研究与示范推广	国家科技进步二等奖	李德发，谯仕彦，沈水宝，杨坤明，郑春田，曹云鹤，李俊波，陆文清，樊哲炎，王军军
优质高产草种生产与质量控制原理及技术研究	高等学校科学研究优秀成果奖－科技进步一等奖	韩建国，王赟文，毛培胜，王显国，孙　彦，张英俊
退化草地植被恢复关键技术研究与应用	神农中华农业科技奖三等奖	王　堃，韩建国，龚元石，戎郁萍，邵新庆
2009 年		
有机牛奶关键技术研究与产业化开发	北京市科学技术三等奖	李胜利，曹志军
大豆主要抗营养因子的抗营养机制及钝化机理的研究	吉林省科学技术奖科技进步一等奖	李德发，谯仕彦，王军军，马　曦
绒山羊舍饲半舍饲（健康养殖）关键技术研究与示范	辽宁省科学技术奖科技进步二等奖	贾志海，朱晓萍，张　微
2010 年		
肉鸡健康养殖的营养调控与饲料高效利用技术	高等学校科学研究优秀成果奖－科技进步一等奖	呙于明，张日俊，袁建敏，杨　鹰，张炳坤，王　忠，张庆才，刘　丹，聂　伟
2011 年		
肉鸡健康养殖的营养调控与饲料高效利用技术	国家科技进步二等奖	呙于明，张日俊，李绍钰，吕明斌，袁建敏，郝国庆，杨　鹰，魏凤仙，张炳坤，王　忠
中国荷斯坦牛分子育种关键技术研究与应用	北京市科学技术奖二等奖	张　沅，俞　英

续表4-2

受奖成果名称	授奖种类	受奖主要人员
	2012 年	
奶牛饲料资源高效利用与营养调控关键技术研究与应用	高等学校科学研究优秀成果奖－科技进步一等奖	李胜利，曹志军，张晓明
	2013 年	
奶牛饲料资源高效利用与生态养殖关键技术研究及示范	神农中华农业科技奖一等奖	李胜利，冯仰廉，曹志军，张晓明
	2014 年	
奶牛饲料高效利用及精准饲养技术创建与应用	国家科技进步二等奖	李胜利，冯仰廉，王中华，李建国，曹志军，张晓明，张永根，张振新，刘连超，高丽娜
优质高效节粮型蛋鸡配套系选育与产业化应用	高等学校科学研究优秀成果奖－科技进步二等奖	杨　宁，宁中华，张庆才，吴常信，曲鲁江，陈福勇，徐桂云，陈思睿，侯卓成，郑江霞，李俊英
“农大 3 号”小型蛋鸡配套系培育与应用	北京市科学技术奖一等奖	杨　宁，宁中华，张庆才，吴常信，曲鲁江，陈福勇，徐桂云，陈思睿，侯卓成，郑江霞，李俊英
规模化生态养鸡综合配套技术	北京市农业技术推广奖三等奖	袁建敏，宁中华，王　忠，徐桂云，张庆才
种猪育种管理系统研究与应用	北京市农业技术推广奖三等奖	丁向东，张　勤，张晓明
北方草原合理利用技术体系创建与应用	高等学校科学研究优秀成果奖－科技进步一等奖	张英俊，王成杰，玉　柱，罗海玲，李学森，刘　刚，沈禹颖，邵新庆，黄　顶，刘桂霞，泽　柏，刘　楠，邓　波
	2015 年	
畜禽饲料中大豆蛋白源抗营养因子研究与应用	国家科技进步二等奖	谯仕彦，秦贵信，李德发，贺平丽，马　曦，孙泽威，王勇飞，曹云鹤，方　华，陆文清，赵　元，宋青龙，游金明，车东升，朴香淑

续表4-2

受奖成果名称	授奖种类	受奖主要人员
“农大3号”小型蛋鸡配套系培育与应用	国家科技进步二等奖	杨　宁，吴常信，曲鲁江，宁中华，陈福勇，徐桂云
中国荷斯坦牛基因组选择技术平台的建立与应用	北京市科学技术奖一等奖	张　勤，张　沅，张胜利，孙东晓，丁向东
青藏高原东部牧草种质资源收集评价、新品种选育及产业化示范	神农中华农业科技奖二等奖	张蕴薇
霉菌毒素生物降解机理及饲料污染控制技术	神农中华农业科技奖一等奖	计　成，马秋刚，赵丽红
高效饲用氨基酸研制及其在猪低氮排放日粮技术体系中的应用	神农中华农业科技奖一等奖	谯仕彦，曾祥芳
奶牛营养与饲料科学创新团队	神农中华农业科技奖创新团队	李胜利，曹志军，杨红建，王雅晶
退化草原恢复及适应性利用关键技术研究与示范	神农中华农业科技奖二等奖	张英俊，邵新庆，罗海玲，黄　顶，玉　柱
	2016年	
中国荷斯坦牛基因组选择分子育种技术体系的建立与应用	国家科技进步二等奖	张　勤，张　沅，孙东晓，张胜利，丁向东
	2019年	
新型饲用氨基酸与猪低蛋白质饲料创制技术	国家技术发明二等奖	谯仕彦，王德辉，岳隆耀，曾祥芳，王春平，马　曦
良种牛羊胚胎高效发育与排卵控制技术	高等学校科学研究优秀成果奖－技术发明奖	田见晖，张家新，安　磊，朱化彬，翁士乔，杜卫华
奶牛健康标准化养殖关键技术与应用	高等学校科学研究优秀成果奖－科技进步一等奖	曹志军，李胜利，杨红建，王中华，卜登攀，刘连超，麻　柱，甄玉国，吴兆海，肖　玲，王雅晶，杨敦启，都　文，姚　琨，夏建民
优质北京鸭饲料配制关键技术研究与应用	绵阳市科技进步一等奖	袁建敏

续表4-2

受奖成果名称	授奖种类	受奖主要人员
2020 年		
良种牛羊卵子高效利用快繁关键技术	国家技术发明二等奖	田见晖，张家新，安　磊，朱化彬，翁士乔，杜卫华
鸡肠道健康关键营养技术及其应用	高等学校科学研究优秀成果奖－科技进步一等奖	呙于明，冯定远，李绍钰，王　忠，齐德生，袁建敏，左建军，刘　丹，谭会泽，万　章，吕慧源，刘松柏，徐　彬，彭运智
2021 年		
北京鸭育种技术创建与新品种培育	北京市科学技术奖一等奖	侯卓成
2022 年		
生猪基因组分子育种技术体系的创新及应用	北京市科学技术进步奖二等奖	刘剑锋，周　磊，姜　力

第五章

扎根大地：践行初心使命，着力谱写乡村振兴新篇章

在积极开展科研工作的同时，畜牧系增强社会联系，大力开展科技扶贫工作，着力解决欠发达地区的发展问题，为国民经济建设服务。从20世纪80年代开始，畜牧系有组织地开展社会服务/科研开发工作，“六五”计划期间在科技推广工作中取得了很大的成绩，共推广畜禽新品种651万头（只）。秉持着科学技术必须面向经济建设和教学科研推广三结合方针，畜牧系发挥学科优势，为我国畜牧业现代化建设提供先进技术、科研成果和咨询培训等方面的服务。

1975年，畜牧系帮助天津市静海县（现静海区）东双塘大队搞科学养猪试验，使全大队的农业生产得到迅速发展。1980年，这个大队向国家交售肥猪肉50万斤（1斤 = 0.5千克）。六年间，帮助大队引进猪、牛、羊、鸡等16个畜牧优良品种和几十个农作物良种，东双塘大队猪的料肉比，由过去的六七斤粮长1斤肉，降到3.8斤粮长1斤肉，同时提高出栏率28%。从1986年起，畜牧系组织师生参加湘西地区扶贫工作，取得了明显的经济效益和社会效益。帮助当地引进良种，发展皮肉兼用兔和绒山羊，湘西共引进种兔202只，使两个养兔基地兔饲养量超过2万只,直接经济收入达6万元以上。1987年引进的绒山羊，1989年年底发展到1 000多只，总产值每年可达12万元。利用绒山羊改良本地山羊1 000多只，羊绒产值每年8万元以上。

21世纪以来，动科师生赓续畜牧初心，以强农兴农为己任，积极响应国家精准扶贫号召，聚焦实施乡村振兴战略，通过科技扶贫带动欠发达地区生产发展，把“顶天”与“立地”相结合，把人才培养、科学研究、文化传承与社会服务相结合，用实际行动诠释着高校畜牧科技工作者的使命担当。

学院基于学科特色与优势，构建了“两院两站一体系”的新型社会服务体系，目前共有9个科技小院、5个产业研究院、19个教授工作站、2个校外实验站，以及23位国家农业产业技术体系专家，通过多种形式带动地区生产发展，统筹科技教育资源，每年培训各类农业人才万余人，努力提升畜牧学一流学科在国家脱贫攻坚、乡村振兴战略中的社会服务功能。

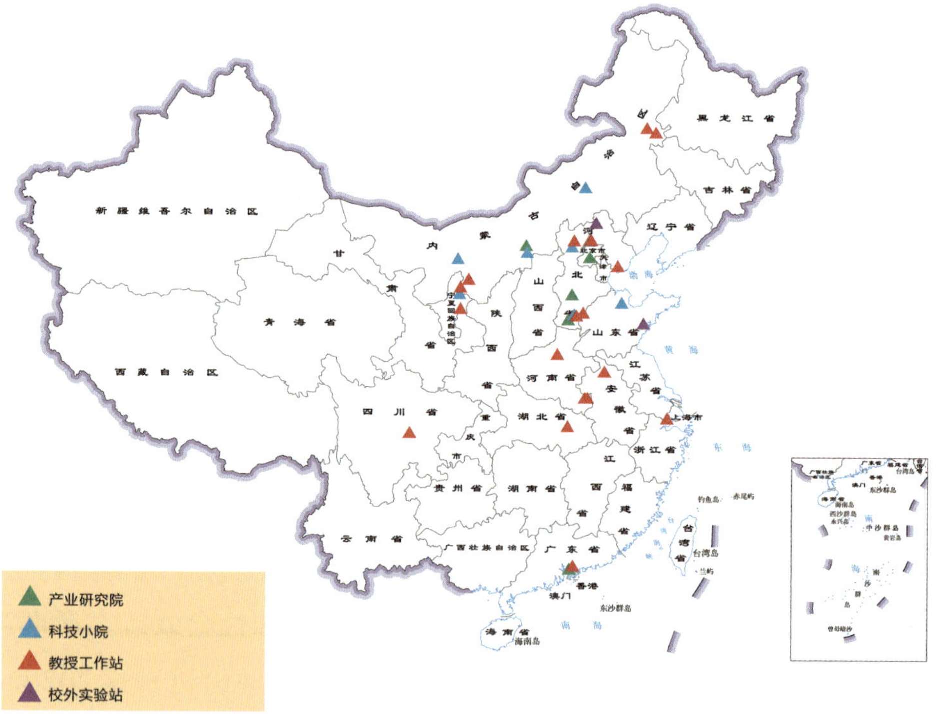

图5–1 学院“两院两站”分布

同时，学院加强产学研合作，不断推进了科技成果转化，2015—2021年，科技成果转化合同总金额1 347万元，其中百万元级以上5项。

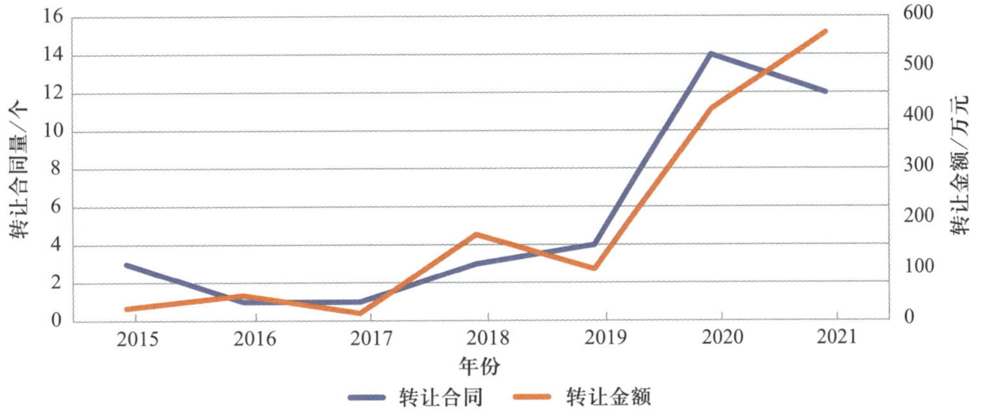

图5-2　2015—2021年，成果转化合同数及到校金额逐年递增

一、精准施策，体系专家助力脱贫攻坚

在国家现代农业产业技术体系中，学院4位教师被聘为首席科学家（中国农业大学共6位），19位教师被聘为岗位科学家，在10个产业体系中发挥了重要作用。国家现代农业产业技术体系于2007年开始启动建设，按照优势农产品区域布局规划，依托具有创新优势的现有中央和地方科研力量与科技资源，围绕产业发展需求，以产业为主线，以农产品为单元，建设从产地到餐桌、从生产到消费、从研发到市场各个环节紧密衔接、环环相扣、服务国家目标的现代农业产业技术体系，对于推进产学研结合，提升农业区域创新能力，增强我国农业竞争力发挥了重要作用。

杨宁
国家蛋鸡产业技术体系
首席科学家

李胜利
国家奶牛产业技术体系
首席科学家

曹兵海
国家肉牛牦牛产业技术体系
首席科学家

秦应和
国家兔产业技术体系
首席科学家

图5-3　学院4位国家现代农业产业技术体系首席科学家

2009年2月5日，由北京教育新闻中心联合首都12家知名媒体，并邀请广大市民参与评选的“2009年首都十大教育新闻人物”评选结果揭晓，学院宁中华教授当选。宁中华教授的当选是学院畜牧学科服务首都经济社会发展的具体体现。他在坚持科研的同时，积极将成果服务新农村建设，促农民增收，具有很好的社会影响，是农业科教战线学农、知农、爱农的代表。据不完全统计，10多年间他曾到过100多个县做科技指导，直接培训农户20万人次。他先后被授予“全国农业科技推广标兵”（2007年）、“全国优秀科技特派员”（2009年）称号。作为产业技术岗位专家，他积极开展蛋鸡产业调研和技术示范，累计举办培训会数十场，培训技术人员上千人。

图5-4　宁中华教授（前排右5）荣获2009年首都十大教育新闻人物

2021年1月，农业农村部通报表扬了10个产业技术扶贫优秀团队，学院杨宁教授领衔蛋鸡产业技术扶贫团队、李胜利教授领衔奶牛产业技术扶贫团队榜上有名。马秋刚教授、孙从佼副教授作为产业技术扶贫优秀团队成员受到了通报表扬。

2016年以来，国家蛋鸡产业技术体系首席科学家杨宁教授带领体系扶贫专家团队积极投身脱贫攻坚工作第一线。通过推广节粮型蛋鸡，开发藏鸡、金寨黑鸡等地方资源，支持金鸡产业扶贫工程以及配合农业农村部开展“三区三州”和定点扶贫县科技服务团等，在河南固始、安徽金寨、内蒙古林西、河北大名、甘肃宕昌、西藏尼木、云南香格里拉等30余个贫困县的脱贫摘帽中发挥了重要作用。脱贫致富的同时助推当地养鸡产业创新发展、升级转型，为巩固提升脱贫成果提供强有力的支撑。西藏尼木、内蒙古林西、安徽岳西、河南固始等地党委、政府为此向蛋鸡产业技术体系发来感谢信，致谢杨宁首席及体系专家在养鸡产业发展中作出的贡献。2019年，团队牵头人杨宁教授荣获“全国脱贫攻坚奖创新奖”。

图5–5　杨宁教授获2019年“全国脱贫攻坚创新奖”

科技扶贫是变“输血式”扶贫为“造血式”扶贫的重中之重，奶牛体系首席科学家李胜利教授带领体系成员谱写了一个又一个扶贫故事。助力丰宁奶牛养殖散户和养殖小区实现转型升级，规模牧场的比例由2012年的5.4%提高到2019年的91.3%，避免了低奶价、低效益情况下散户和养殖小区的被动淘汰，转型升级的牧场单产大幅度提升。攻克了制约高原地区奶牛饲养的关键技术难题，使奶牛高原病年死亡率由32%~37%降低至10%以下，显著降低了奶牛因高原病死亡带来的经济损失。为临夏奶牛场提供免费义诊，疾病损失明显降低，累计治疗腹泻犊牛1 620头，挽回经

图5–6　李胜利教授带领的国家奶牛产业技术体系团队工作照

济损失约50万元。以“小手拉大手，企业带农户”的思路指导临夏规模化奶牛场生产性能明显提升，周边农民脱贫致富。

表5–1 学院教师担任国家现代农业产业技术体系科学家

体系	岗位专家及任职年份	类别
蛋鸡	杨宁（2008）	国家现代农业产业技术体系首席科学家
奶牛	李胜利（2008）	
肉牛牦牛	曹兵海（2008）	
兔	秦应和（2008）	
体系	岗位专家及任职年份	类别
蛋鸡	宁中华（2008），马秋刚（2016），孙从佼（2021） 张 浩（2021），郑江霞（2022），连 玲（2022）	国家现代农业产业技术体系岗位科学家
奶牛	王雅春（2011），张 毅（2022）	
肉牛牦牛	周振明（2016），苏华维（2022），陈昭辉（2022）	
兔	吴中红（2008）	
肉鸡	呙于明（2008）	
水禽	侯卓成（2017）	
肉羊	罗海玲（2011）	
绒毛用羊	张 微（2016）	
生猪	丁向东（2016），刘剑锋（2021），王军军（2021）	

二、聚焦民生，科技小院解决大问题

2023年5月1日，在五四青年节到来之际，习近平总书记给中国农业大学科技小院的同学们回信，赞赏青年人“自找苦吃”的精神，鼓励同学们把课堂学习和乡村实践紧密结合起来，厚植爱农情怀，练就兴农本领，在乡村振兴的大舞台上建功立业，为加快推进农业农村现代化、全面建设社会主义现代化国家贡献青春力量。学院目前获教育部、农业农村部、中国科协批准建设的科技小院共9个，依托科技小院建设，学院积极探索新时期农业技术推广新途径和新机制，结合技术推广，实现产学研的无缝对接。

表5-2 学院获建的科技小院及负责人

序号	科技小院名称	负责人
1	北京昌平奶牛科技小院	刘国世
2	河北广宗葡萄科技小院	赵兴波
3	河北阳原驴科技小院	曾申明
4	内蒙古临河羊科技小院	连正兴
5	内蒙古锡林浩特羊科技小院	陈昭辉
6	内蒙古五原胡羊科技小院	刘国世
7	宁夏永宁肉牛科技小院（共建）	苏华维
8	内蒙古和林奶山羊科技小院	刘国世
9	山东滨州洼地绵羊科技小院	张　鲁

由刘国世教授担任首席专家，在内蒙古地区创建的“内蒙古临河羊业科技小院”“内蒙古五原胡羊科技小院”和“内蒙古和林奶山羊科技小院”，通过给企业与农户在线技术支持，实现共性技术的无人值守解决方案。刘国世教授团队提供的“绵羊同期发情和子宫颈口输精技术和高效超排与胚胎移植技术”分别于2020—2021年在金草原进行应用推广，开展东弗里升种羊和湖羊扩繁生产，在此期间，技术指导人工配种5万余只，实现直接经济效益2 000余万元，成为科技小院带动企业和农户增收致富的典型。

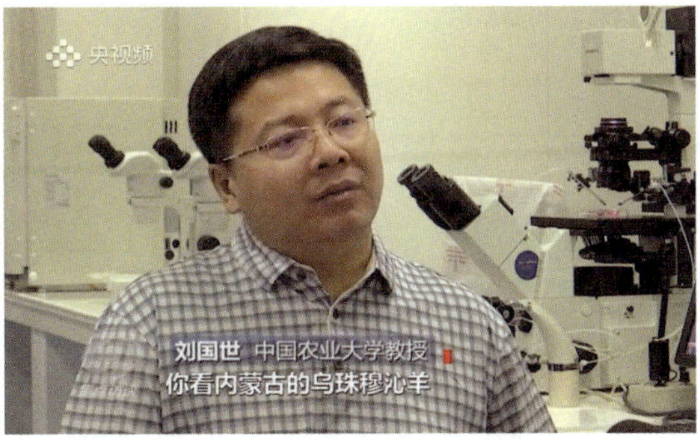

图5-7 学院刘国世教授接受央视采访

中国农业大学首个肉牛科技小院——“宁夏永宁肉牛科技小院”由学院苏华维副教授担任首席专家，专家团队成员包括：中国农业大学动物科学技术学院陈昭辉副教授、吴浩副教授、李蒙蒙副教授、张鲁副教授，动物医学院李靖副教授，宁夏大学张巧娥教授和张桂杰教授，以及宁夏畜牧工作站高级畜牧师封元副站长。小院于2021年9月开始筹建，并于2022年4月29日获批建设并授牌。小院成立以来，瞄准肉牛产业发展的技术瓶颈问题，推动宁夏肉牛产业向优质、高产、高效方向发展。帮助科技小院依托单位宁夏犇旺生态农业有限公司实现节本增效、提质增效和增产增效，并且向周边辐射，带动周边肉牛养殖场（户）提高养殖效益。共开展技术培训13次，培训人数600人次左右，培养农民专家20人，辐射带动当地200多名养殖户。肉牛科技小院相关工作受到宁夏日报和新华网专题报道各1次，宁夏银川电视台报道1次，CCTV-17节目采访录制1次，中国科学技术协会官网、中国农村专业技术协会官网、中国农业大学新闻网、宁夏科学技术协会官网等共报道6次。

图5-8 苏华维副教授介绍肉牛科技小院情况

三、定点驻扎，教授工作站/校外实验站纵深推进精准扶贫

学院积极探索建立科技助力精准扶贫的长效机制，结合地方科技和产业需求，在欠发达地区合作建设教授工作站、社会实践基地、创业实践基地等，师生围绕脱贫攻坚、“三农”发展等国家重大战略需求开展学习与工作，并以此为契机，增强社会服务能力，为欠发达地区经济建设服务。目前，学院在北京、贵州、河北、山东、深圳、江苏、河南、宁夏等地共建设19个教授工作站、2个校外实验站（表5-3），以工作站/实验站为根据地为当地提供技术帮扶工作。

表 5–3　学院教授工作站/校外实验站情况一览表

序号	所在地	负责人	共建单位	建站年份
1	河北广宗	赵兴波	河北省广宗县乡村振兴局现代农业厅	2014
2	广东深圳	刘剑锋	深圳市金新农科技股份有限公司	2017
3	河南固始	曹志军	固始县农业农村局 固始米歌食品有限公司 固始翰墨茶业有限公司	2018
4	宁夏吴忠	李胜利	宁夏吴忠国家农业科技园区管理委员会	2019
5	湖北武汉	刘剑锋	湖北省武汉市天种畜牧有限责任公司	2020
6	北京昌平	侯卓成	北京南口鸭育种科技有限公司	2020
7	北京昌平	刘剑锋	北京中育种猪有限责任公司	2020
8	四川夹江	宁中华	四川省夹江县鑫圳畜禽养殖专业合作社	2021
9	河南郑州	丁向东 周　磊	河南省郑州市丰源和普农牧股份有限公司	2021
10	河北曹妃甸	袁建敏	河北省唐山市曹妃甸区华美源中嘉畜牧养殖有限公司	2021
11	河南固始	曲鲁江	固始县农业农村局 固始颐升禽业有限公司 河南三高农牧股份有限公司	2021
12	浙江嘉兴	王雅春	浙江省嘉兴市王店镇东兴奶牛场	2021
13	内蒙古兴安盟扎赉特旗	罗海玲	内蒙古扎赉特旗农牧和科技局	2022
14	河北临西	傅祥伟	河北省临西县人民政府	2022
15	张家口宣化区	杨红建	河北巡天农业科技有限公司	2022
16	内蒙古兴安盟科右前旗	王雅晶	科右前旗人民政府	2022
17	宁夏银川	袁建敏	宁夏伊品生物科技股份有限公司	2022
18	内蒙古鄂尔多斯市鄂托克旗	张　微	内蒙古鄂尔多斯资源股份有限公司	2022

续表5-3

序号	所在地	负责人	共建单位	建站年份
19	安徽省淮北市濉溪县五铺果园场	周　磊	安徽大自然种猪股份有限公司	2022
序号	所在地	负责人	实验站名称	建站年份
1	河北丰宁	李德发	中国农业大学丰宁实验站	2012
2	山东青岛	秦应和	中国农业大学青岛胶南实验站	2012

四、“1＋N＋X”，产业研究院探索社会服务新模式

为充分发挥科研优势，学院探索社会服务新模式，选派专门的研究团队与人员参与产业研究院的建设，建立“1＋N＋X”的团队模式，其中“1”为学院负责联合研究院的总负责人，“N”为学院委派的研究院项目专项固定研发人员，“X”为学院委派的联合研究院项目不固定参与人员数量，对企业进行技术培训，协助企业提升研发能力和技术研发团队水平，旨在依托头部企业优势资源，发挥高校科研条件和技术人才有利资源，合力解决关键技术难题。建立健全保障产业健康高效运行体系，探索开发高附加值的功能性终端产品。集成各共建单位科技创新成果，利用共建单位生产经验和产业化优势，积极进行成果推广。提升产业整体技术和装备水平，示范带动养殖产业高质量发展。积极与地方政府开展共建合作，推动特色产业发展。积极与地方政府开展产业对接，建立高校、政府、企业三方合作机制，推动高校科技成果转化。

目前，学院已设立5个产业研究院，与深圳市金新农科股份有限公司合作共建“生猪育种与智能养殖产业研究院”；与河北省多所大学、研究所、企业共建“河北省蛋鸡产业技术研究院”；与北京大

北农科技集团股份有限公司合作共建“华牧兴农种猪研究院”；与石家庄天泉良种奶牛有限公司共建“河北省牛产业技术研究院”；与内蒙古自治区经济开发区共建“内蒙古羊种质资源和种业创新研究院”等，积极开展种质资源遗传鉴定、生物样本以及活体保护、复壮提纯，以及分子水平选育和生物技术育种。

五、协调联动，扎实开展对口支援与对口合作

扎实推进对口支援西藏农牧学院、新疆塔里木大学等高校工作，帮助受援高校提升建设水平。

2005年起，学院张浩教授团队与西藏农牧学院动物科学学院强巴央宗教授团队合作开展科研项目，其科研成果“藏猪种质特性分子遗传机制与综合开发利用”获得西藏自治区2018年度科学技术奖二等奖。项目组经过10余年的系统探索与实践，全面调查和研究了藏猪品种分布区域及自然生态条件特征，摸清了藏猪品种现状和养殖特点，制定了藏猪品种国家标准和藏猪养殖技术规程地方标准；建立纯种藏猪保种群100头，有效保存藏猪种质资源库；组建了藏猪新品系选育群，对藏猪进行了连续5个世代的选育，有效提高了生长和繁殖性能，选育了藏猪品系2个，对藏猪采用转录组测序、miRNA测序和蛋白质组等高通量技术鉴定了藏猪生长和脂肪沉积相关基因和调控元件，构建了脂肪沉积调控网络；采用候选基因法鉴定了藏猪*PPARGC1A*、*ECI1*、*FRZB*等基因的功能，为分子标记辅助选择提供了基础；形成一套藏猪高效养殖技术体系，提高了藏猪饲养管理水平；在西藏林芝市工布江达县藏猪遗传资源保护区建立藏猪高效饲养示范基地2个，规模达到1.3万头；辐射带动示范基地周边8.6万头藏猪高效养殖规模；针对目前严重危害藏猪的猪瘟、猪喘气病等重要传染病和寄生虫病等开展了研究，采用病原分离技术和现代分子生物学技术相结合，研发有针对性的疫苗，建立了藏猪重要疫病的防控体

系，为藏猪的科学养殖提供保障。发表论文44篇，出版专著2部，获得国内专利授权5项。相关成果在藏猪生产中推广应用，并指导藏猪产业发展，取得了显著的成绩。

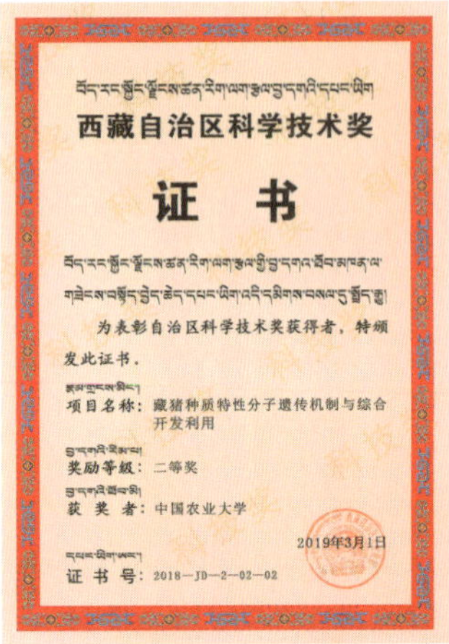
西藏自治区科学技术奖

证　书

为表彰自治区科学技术奖获得者，特颁发此证书。

项目名称：藏猪种质特性分子遗传机制与综合开发利用

奖励等级：二等奖

获 奖 者：中国农业大学

2019年3月1日

证 书 号：2018—JD—2—02—02

图5-9　2018年，张浩教授团队与西藏农牧学院合作开展的科研项目获西藏自治区科学技术奖二等奖

2021年6—12月，曲鲁江教授团队与塔里木大学动物科技学院开展对口支援工作，通过与该校师生开展学术交流、讲座报告等方式，对新疆地方家禽遗传资源的研究与保护工作提供了建设性的技术意见和建议。在人才培养方面，曲鲁江教授受聘为塔里木大学的客座教授，合作指导博士研究生，为塔里木大学的人才培养工作添砖加瓦。此外，针对新疆遗传资源的科学研究，曲鲁江教授于2021年7月主持塔里木盆地生物资源保护利用新疆兵团重点实验室（省部国家重点实验室）培育基地开放基金课题“利用基因组信息对拜城油鸡遗传资源的评估与利用”。

第六章

拓展视野：开展国际交流，打造畜牧高等教育新格局

自1949年新中国成立起，国际友好交往活动逐年增多，教师开始出访参加学术会议、考察活动等。1951年起，学校开始派留学生到苏联、东欧各人民民主国家留学。1954年派出沈慧乐（大学生）到苏联留学，1956年汤逸人教授赴印度考察畜牧业，1957年派出赵希斌（进修生）到苏联留学。

图6–1　1956年，汤逸人教授（左1）赴印度考察

随着改革开放的推进和学校的发展，国际交流与合作逐步扩大与加强。除学术交流、校际联系、聘请外国专家、互派留学生等工作，深层次的合作研究、联合培养高层次人才等工作也开展起来。1988年8月，国家教育委员会恢复学校招收留学生资格，1989年畜牧系招收了第一位留学生，来自西德的毕安珂到畜牧系进修一年，此后1992年、1994年分别有来自日本的留学生到畜牧系进修。

1993年建院以后，学院积极开展对外学术交流，聚焦畜牧学科人才的国际化培养，目前已与美国、德国、加拿大、荷兰、英国、丹麦、澳大利亚、韩国、日本等国的20多所大学和研究机构建立了学术交流与合作关系。积极组织承办国际会议，主导搭建国际合作平台，践行国家“一带一路”倡议，增进学院国际合作网络，形成了全方位的对外交流与合作的格局。

一、公派留学，学习国际前沿科技成果

改革开放之后，对外交流的渠道和机会逐渐增多，畜牧系1979年开始派出留学人员参加学术活动，当年派出5位教师到加拿大、丹麦、英国、美国进修或攻读博士学位。此后，逐年派出大批教师到国外进修，包括澳大利亚、日本、法国、新西兰等国家，时间1～2年不等。1979—1995年，畜牧系派出出国留学人员共43人，前往人数最多的国家是美国（15人）、德国（10人）和英国（6人），许多人员回国后已成为畜牧学科科研和教学的主力和业务骨干，为国家发展和建设作出了巨大贡献。

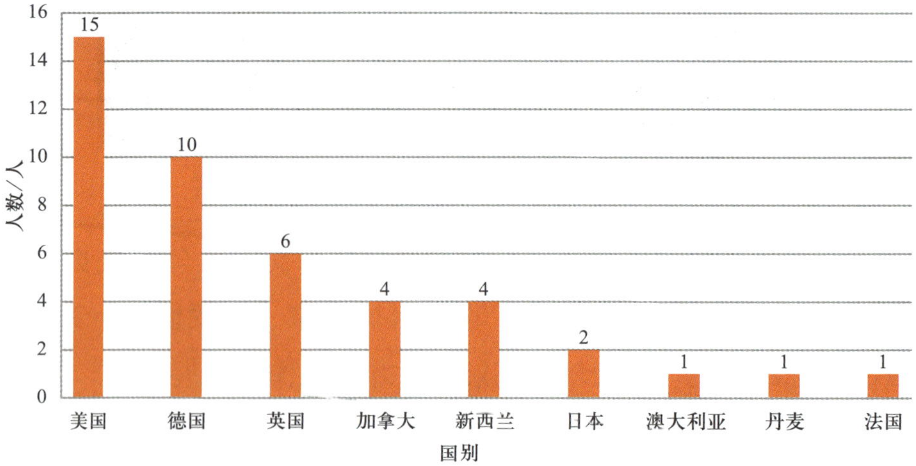

图6-2　1979—1995年，畜牧系派出留学人员前往国家情况

图6-3　1986年，时任校长安民到加拿大圭尔夫大学出席国际会议期间，看望留学师生（中为安民校长，右1为畜牧系教师张劳）

图6-4　1986年在美国，吴仲贤教授（右1）与中国留学生在一起

1995年后，国家公派留学实行全面改革，将公派出国留学纳入法制化的管理，国家专门成立了“国家留学基金委员会”负责国家公派出国留学生的派遣及管理工作。2004—2022年，学院与国外多所高水平大学建立合作关系，培养具有国际化背景的高质量应用型人才，共派出238人出国进修和攻读学位，其中约50%为联合培养，这批人员带回了国外专业前沿的学术思想和技术，为学院师生队伍建设打下了坚实的基础。

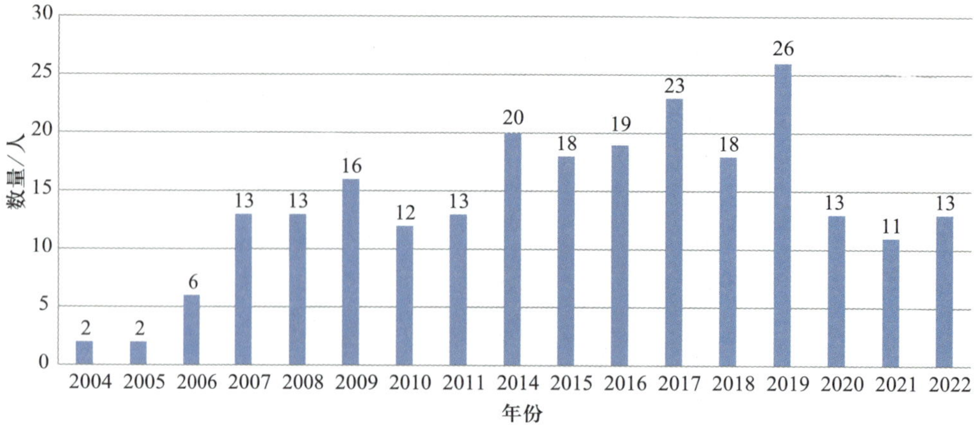

图6-5　2004—2022年，学院公派出国留学人员情况

二、促进交流，接收培养外国留学生

从2004年开始，中国农业大学成为接收获得中国政府奖学金资助的留学生的定点学校，在校留学生涵盖了博士后（高级进修生）、普通进修生、博士生、硕士生、本科生和语言生各个层次，其中，学历生以我国政府奖学金学生为主，也有少量攻读学位的自费生。

2005—2021年，学院招收各类留学生共计44人，其中硕士生9人、博士生35人。留学生人数最多的国家为巴基斯坦（15人）、孟加拉国（5人）、埃及（3人）。

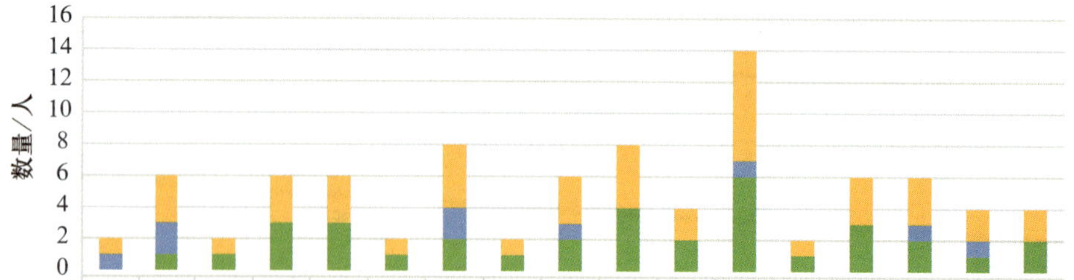

	2005	2006	2007	2008	2009	2010	2011	2012	2013	2014	2015	2016	2017	2018	2019	2020	2021	年份
总人数	1	3	1	3	3	1	4	1	3	4	2	7	1	3	3	2	2	
硕士生	1	2					2		1			1			1	1		
博士生		1	1	3	3	1	2	1	2	4	2	6	1	3	2	1	2	

年份

博士生　硕士生　总人数

图6-6　2005—2021年，学院招收留学生数量和国家情况

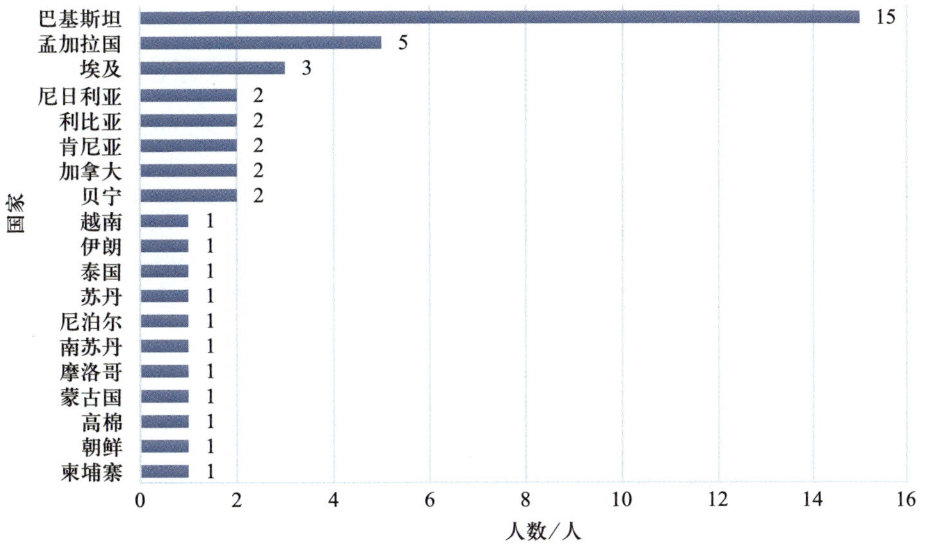

图6-6（续）

三、开放办学，深耕对外交流与合作

（一）承办国际学术会议

1984年6月4—14日，由北京农业大学与加拿大圭尔夫大学联合发起，在北京农业大学召开了“国际舍饲家畜生产体系学术研讨会”，本次会议由安民校长主持、畜牧系和外事办公室具体组织，这是改革开放以来畜牧系承办的第一个国际学术会议。出席开幕式的有来自8个国家的正式代表67人，列席代表28人，联合国开发计划署、粮食及农业组织和加拿大使馆的官员，中国科学技术协会主席周培源、中国科学技术协会书记处书记兼北京农业大学顾问沈其益、中国农学会顾问杨显东、农牧渔业部部长何康出席并讲话。会议探讨在舍饲条件下家畜生产中的学术问题，交流在发展家畜生产，特别是东南亚各国舍饲家畜生产的成功经验，提高舍饲家畜的繁育、饲养、管理及疾病防治的科学技术水平，促进畜牧生产的发展。会议收到各国科学家送交大会的论文共70篇，其中我国科学家送交42篇。

此次会议后，为进一步加强与国外的学术交流与合作，跟踪国际学术前沿动态，全面提升国际知名度和影响力，学院多次承办国际学术会议（表6-1），与来自美国、韩国、意大利、荷兰、澳大利亚等国的专家学者，共同探讨畜牧学科发展。

2013年10月，由学院承办的“第11届世界畜产大会（WCAP）”在北京举行，全球59个国家和地区的众多知名学者围绕大会主题“动物、人与环境的和谐发展”，交流当今世界最新畜牧科研成果和技术，探讨畜牧业可持续发展等热点问题。WCAP是国际畜牧科技界、产业界公认的行业“奥林匹克”盛会。会议每5年举办一届，当年首次在中国举办，由世界畜牧协会、中国畜牧兽医学会主办，中国农业大学动物科学技术学院和中国科学技术协会协办，吴常信院士担任大会主席。

图6-7 2013年10月，由学院承办的第11届世界畜产大会在北京召开

表 6-1　学院承办国际学术会议的情况

序号	举办时间	会议名称	会议地点
1	1984 年 6 月	国际舍饲家畜生产体系学术研讨会	北京
2	1989 年 10 月	中国小反刍动物国际研讨会	北京
3	1993 年 3 月	亚太区域猪营养培训班	北京
4	2005 年 9 月	中国和谐畜牧业论坛	北京
5	2006 年 11 月	农业部饲料工业中心第十届科技年会暨成立十周年庆典	北京
6	2007 年 9 月	第七届草食动物营养国际学术研讨会	北京
7	2009 年 8 月	利用生物技术提高饲料效率国际学术研讨会	北京
8	2013 年 10 月	第 11 届世界畜产大会	北京
9	2014 年 6 月	家禽营养与肠道健康国际学术交流会	宜昌
10	2018 年 3 月	“一带一路”国际化合作论坛	北京
11	2018 年 8 月	国际动物健康及抗病遗传育种研讨会	北京
12	2018 年 10 月	家禽营养与健康论坛	北京
13	2019 年 10 月	第四届国际动物科学与生物技术论坛	北京
14	2020 年 8 月	中国农业大学 - 悉尼大学云端学术交流会议暨畜牧领域人才培养研讨会（线上）	北京
15	2020 年 10 月	第三届世界绵羊大会云会议（线上）	北京

（二）搭建平台，助推“一带一路”农业合作发展

建院以来，学院积极响应国家“一带一路”倡议，着力建设国际合作平台，促进学科国际化发展。

2018 年 3 月 19 日，“一带一路”动物科技创新联盟在北京揭牌，联盟由“一带一路”沿线 14 所农业院校、中国国内 34 所农林院校和 30 多家饲料畜牧企业共同成立。联盟将在饲料畜牧领域为中国和“一带一路”沿线国家农业院校、农业企业之间搭建人才培养、科学研究、技术服务产业发展的长期国际合作平台。各院校的畜牧和动物科

技学院、饲料畜牧企业将在中国农业大学动物科学技术学院秘书处的组织协调下，开展多层次、多类型的多边国际合作，针对不同国家产业需求联合培养人才，联合攻关解决技术问题，全面推动中国和“一带一路”沿线国家饲料畜牧产业发展。国家商务部、农业农村部及国家粮食局专家咨询委员会专家程国强、中国农业大学党委书记姜沛民出席揭牌仪式，中国农业大学将以本校“一带一路”农业合作学院为智库，完善“一带一路”农业合作学院专家队伍建设，承担更多高层次“一带一路”人才培训、政策研究和农业合作论坛、技术博览会的举办，助推“一带一路”农业合作发展。

图6-8　2018年3月19日，“一带一路”动物科技创新联盟在北京揭牌

2019年，学院组织师生一行23人访问柬埔寨皇家农业大学、越南国立农业大学等单位，并参观了当地7个农场，调研了我国和柬埔寨、越南在畜牧业教育教学、科学研究、产业融合等方面的合作潜力。在中国—柬埔寨农业合作中心的基础上，在柬埔寨皇家农业大学设立了“中国农业大学学生社会实践基地”，学院国际化平台获批教育部“中美青年创客交流中心”。

图6-9　2019年，学院师生出访柬埔寨、越南等国家

2022年，学院成立中国与阿拉伯国家羊种质资源创新联合实验室，该实验室是中国农业大学羊遗传与种质创新研究中心、内蒙古农业大学绒山羊遗传育种团队与摩洛哥、黎巴嫩、苏丹、阿尔及利亚、埃及、伊拉克等阿拉伯国家共同承担的“政府间国际科技创新合作”重点专项，是科技领域践行国家“一带一路”倡议的典型范例，将进一步促进中国和阿拉伯国家多边关系发展合作。

图6-10　2022年，中—阿羊种质资源创新联合实验室在北京揭牌

（三）邀请国外专家学者、开设课程

从1980年开始，学校陆续邀请外国学者来校讲学，举办讲习班，通过讲习班，教师了解到当前国际上学科的水平和研究方向，填补了学校的薄弱和空白。

动物营养、实验动物科学等是世界上20世纪70年代建立、80年代发展起来的新兴学科，这些新兴学科在80年代初对我国而言还是空白或者是非常薄弱的，学院根据学科发展及人才培养的需要，在这些领域有计划地聘请国外专家来院授课，包括美国、韩国、德国等国家的知名专家教授为学院的兼职客座教授，其中包含韩国动物营养学家、汉城大学农业生命科学学院韩仁圭教授，德国霍恩海姆（Hohenheim）大学Rainer Mosenthin教授等，并有计划地邀请外籍教师来访学院，讲授动物遗传学、动物营养学等课程，进行定期的授课和学术交流（表6-2），卓有成效地发展了这些学科，提升了学院动物科学专业教学的国际化水平。

图6-11　1998年，学院客座教授、韩国汉城大学农业生命科学学院韩仁圭教授（前排左3）来访

图6–12　2009年，德国霍恩海姆大学Rainer Mosenthin教授（后排左5）为学生讲授全英语选修课程Animal Nutrition & Feeding

表6–2　学院聘请外籍教授情况

外籍教授	职称	学校	研究方向	开设课程
韩仁圭	教授	汉城大学	动物营养	猪营养
Matthew D. Koci	教授	北卡罗来纳州立大学	动物营养	营养与免疫生理学相关
Zoltan Machaty	教授	普渡大学	动物营养与繁殖	营养与繁殖
Sung Woo Kim	教授	北卡罗来纳州立大学	猪营养	饲料原料课程 科学报告 猪营养和管理课程
Rainer Mosenthin	教授	霍恩海姆大学	动物营养与饲料	Animal Nutrition & Feeding
Malcolm Watford	教授	罗格斯大学	动物营养	营养生物化学

（四）互访交流、建立对外合作新格局

改革开放后，国际学术交流活动逐渐恢复，从1980年开始，畜牧系与国外先后开展了一些合作研究，比较突出的项目是与霍恩海姆大学的合作研究。合作项目第一期（1984—1988）有两项研究成果：①单胃动物和反刍动物常规及非常规饲料的营养值评定，应用门克教授创立的人工瘤胃法对我国300多种牧草和谷物饲料进行了营养价值

的评定工作，1988年总结出了“反刍动物饲料营养价值表”。在全国范围内推广了高级仪器在饲料行业中应用的新技术，充分发挥了进口仪器的作用，产生良好的社会效益。②中国奶牛育种规划中心要素的研究，研究首期成果“奶牛育种规划方法”已在我国奶牛育种中运用，“奶牛性能测定方法”和“奶牛育种值估计方法及计算软件”已在实际中推广。二期成果“猪肉质测定方法及胴体评价方法”也已在国内推广。此项成果对发展和完善我国的现代动物育种学，提高我国畜禽育种工作的精确性和完全性有重要意义。

图6-13　1984年，吴仲贤（左2）、师守堃（左1）一同参加在日本东京举行的“第二届国际生物统计学大会”时与国际同行合影

图6-14　1986年7月，吴仲贤（右3）、吴常信（左2）、张勤（左1）一同参加在美国林肯市召开的“第3届世界遗传学应用于畜牧生产大会”时与美国、日本学者合影

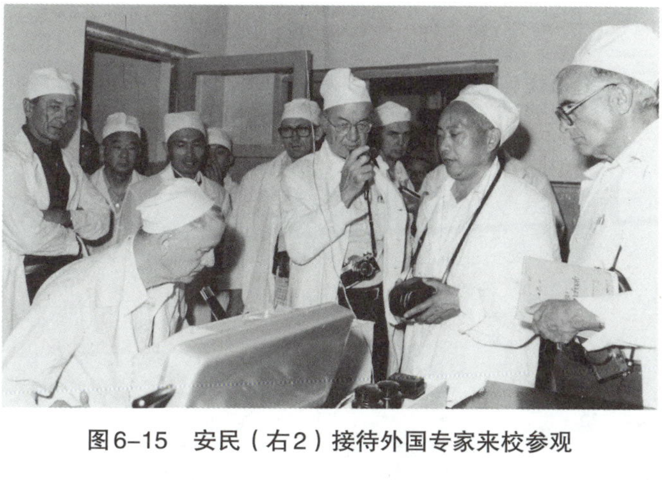

图6-15　安民（右2）接待外国专家来校参观

图6-16　1988年，杨胜（右1）到俄罗斯索菲亚谷物、饲料工业研究所调研学习

2000年后，学院的国际学术交流日益活跃，2007—2017年，学院先后接待来自荷兰、挪威、英国、美国、韩国、瑞典、加拿大、法国、澳大利亚等10多个国家的学者（累计53团次）来校考察、学术交流，内容有教学科研情况交流、进行专题学术报告、参观实验室、合作研究等。经过来访交

图6-17　单崇浩（左1）赴美考察

流，学院与外方在潜在科研合作领域共同申报国际合作项目、教师互访、定期举办学术活动、研究生和本科生联合培养等方面达成重要共识，形成初步合作意向。

图6-18　2017年，荷兰瓦赫宁根大学和万豪劳伦斯坦师生代表团同学院师生绘纸扇

图6-19　2020年，美国康奈尔大学师生访问学校时合影

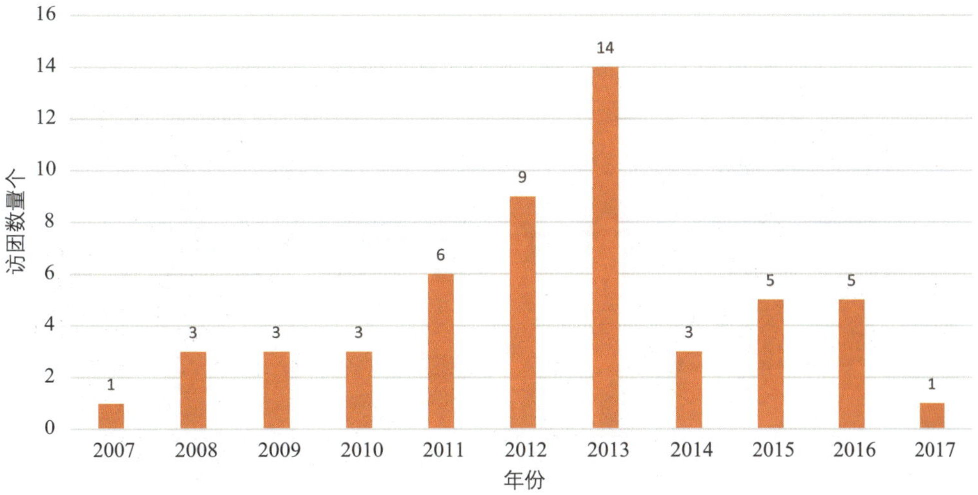

图6-20　2007—2017年，学院接待来访团数量

此外，学院也不断派出师生赴国外知名大学、企业、科研院所进行互访交流,建立合作关系。2006—2022年，师生出访国家达40余个，包含英国、美国、日本、加拿大、韩国、瑞典、德国、新西兰、越南、柬埔寨等，出访内容包含本科生和研究生国际化培养提升项目、合作交流、考察访问、学术会议、教师进修培训等。

图6-21　王军军副院长（左1）一行访问荷兰瓦赫宁根大学并作报告

2008年11月13—16日，学院师生赴韩国首尔大学参加The 4th SNU-CAU Co-Symposium，双方共有14名研究生作了精彩的学术报告。在韩期间参观了CJ饲料工场的分析实验室、饲料加工车间等。

图6-22 2008年，李德发教授（二排左5）带领学院师生参加The 4th SNU-CAU Co-Symposium

2014年，牛精英计划针对畜牧学科开设了我国畜牧学科首个系列全球性游学项目——“牛人牛途”，迄今为止，“牛人牛途”访学项目已成功开展13次，累计组织129人次师生前往美国、荷兰、瑞士、以色列、爱尔兰、德国等奶业发达国家进行学习和交流，师生共考察访问100余家牧场和国际知名企业，与美国康奈尔大学、荷兰瓦赫宁根大学、瑞士苏黎世联邦理工学院等10余个国际知名研究团队建立了长期稳定的合作关系。

图6-23 瑞士农场主向学院师生介绍智能采食监测设备

图6-24 学院师生在德国种公牛站参观学习

2019年，呙于明院长一行参观了日本东京大学附属农场的实验室和农场养殖情况，对日本东京大学农学部进行了访问。与东京大学农学部学部长、副学部长等进行了交流，讨论了双方进一步进行科研合作、学生合作培养和学生访问实习等事宜。双方就多方面进行合作和交流达成了初步共识。

图6-25 2019年，呙于明院长（右3）一行在东京大学访问交流

表6-3　2007—2017年学院接待来访团情况

年份	代表团名称
2007	荷兰瓦赫宁根大学代表团
2008	挪威农业和食品品质量部
	英国阿比农场集团代表团
	西澳大利亚大学动物生物学院
2009	美国纽约州立大学 Cobleskill 分校代表团
	韩国首尔大学代表团
	蒙古国食品农业与轻工业部代表团
2010	美国康涅狄格大学农学院教授代表团
	美国普渡大学农学院教授
	加拿大阿尔伯塔大学农业、生命与环境科学学院
2011	美国普渡大学
	英国诺丁汉大学
	美国北卡罗来纳州立大学
	美国康奈尔大学
	澳大利亚西澳大学
	蒙古国南南合作项目培训考察团
2012	澳大利亚饲料行业协会
	美国内布拉斯加大学林肯分校
	美国北达科他州立大学学生团
	美国俄克拉荷马州立大学
	英国皇家农学院
	美国加州理工州立大学
	美国威斯康星大学
	瑞典农业大学
	爱尔兰都柏林大学
2013	美国北卡罗来纳州立大学
	美国达科他州立大学

续表6–3

年份	代表团名称
2013	美国俄克拉荷马州立大学
	美国宾夕法尼亚大学
	美国阿肯色大学
	美国加州理工州立大学
	澳大利亚默多克大学
	澳大利亚阿德莱德大学
	蒙古国立农业大学
	特立尼达和多巴哥共和国（特多）西印度大学
	法国农业代表团
	世界畜产大学外宾代表团
	美国欧喜投资公司
	美国威斯康星大学雷河分校
2014	塞尔维亚诺维萨德大学
	美国生猪代表团
	荷兰托佩克公司代表团
2015	北爱尔兰农业及农村发展大臣
	美国俄克拉荷马州立大学
	荷兰格罗宁根大学
	美国奥本大学
	美国阿肯色大学
2016	澳大利亚悉尼大学
	爱尔兰都柏林大学
	美国奥本大学
	新西兰梅西大学
	美国 Trans Ova Genetic 公司代表团
2017	“美国密歇根州立大学动物科学专业本科生国外短期学习项目”代表团

四、合作大学名录

与学院有合作的大学名录见表6–4。

表6–4 合作大学名录

国别	合作大学
美国	康奈尔大学，普渡大学，威斯康星大学雷河分校，加州州立理工大学，马里兰大学，北卡罗来纳州立大学，俄克拉荷马州立大学，田纳西大学，奥本大学，罗格斯大学，弗吉尼亚理工大学，得克萨斯理工大学，夏威夷大学，密歇根州立大学
荷兰	瓦格宁根大学
巴西	圣保罗大学
加拿大	阿尔巴塔大学，萨斯卡通大学
德国	霍恩海姆大学
英国	诺丁汉大学
丹麦	奥胡斯大学
澳大利亚	西澳大学，新英格兰大学，悉尼大学
韩国	首尔国立大学，江源大学，建国大学，高丽大学
日本	信州大学，东北大学，北海道大学
瑞典	乌普萨拉大学

第七章

百年百人

一、学院教授

崔步瀛　中国现代家畜内科学及兽医临床诊断学奠基人，国立北京农业大学畜牧系首任系主任。为中国兽医事业、中国家畜内科学、家畜内科诊断学及家畜传染病学作出了重大贡献。

虞振镛　先后任教于清华学校、清华大学、北平大学农学院，创建了北京模范牛奶场，标志着中国自行从事现代化乳牛事业的兴起。

汪德章　畜牧学家，曾任教于北平大学农学院，是中国最早一批赴外国学习畜牧科学技术的留学生。

陈宰钧　任教于北京农业大学畜牧系，主持建立了“动物营养研究室”，以动物营养及维生素研究为中心，是我国农业院校中最早从事动物营养研究的机构。

李静涵　先后任教于华北大学农学院、北京农业大学畜牧系，主攻牛、羊、北京鸭的豢养，受时任农垦部部长王震将军邀请，担任北京数个乳牛场的技术顾问。

张松荫　任教于华北大学农学院，养羊学家，主要研究家畜行为学。

朱先煌 先后任教于华北大学农学院、北京农业大学畜牧系，养马学家，是我国马匹人工授精技术的奠基人。

汪国舆 畜牧兽医学家，曾任北京农业专门学校畜牧科主任。主要从事于鸡、猪改良的研究，对我国畜牧事业具有重要贡献。

许振英 中国畜牧科学的奠基人之一，北京农业大学畜牧学系教授。毕生致力于我国畜牧科学特别是动物营养科学的研究与教学，当年中国畜牧学界唯一的一级教授。

汤逸人 我国著名畜牧学家、绵羊育种学家，中国家畜生态学创始人，北京农业大学畜牧系主任，专注于绵羊育种和家畜生态学研究。

吴仲贤 我国动物数量遗传学科奠基人，北京农业大学畜牧系教授、系主任。研究家畜数量遗传学，融合数学和统计学，培养了一批遗传学主干力量。

贾慎修 我国著名草原学家、草业科学的奠基人之一，北京农业大学畜牧系副主任。长期从事草原和草业研究，创建了中国草地资源分类系统。

张仲葛 中国现代养猪学奠基人之一、中国现代畜牧科技研究的奠基者之一。北京农业大学畜牧系副教授、教授。专注于畜牧科学的研究工作。

孙文荣 著名动物遗传育种学家，曾任北京农业大学畜牧系代主任。从事家畜遗传繁育实践工作和家畜适应性的研究，对中国黑白花奶牛和北京黑猪的育种作出了重要贡献。

杜　伦　北京农业大学教授。长期从事家畜饲养与营养的教学研究工作，获得农牧渔业部技术改进一等奖等众多奖项。

杨　胜　中国现代动物营养学奠基人、中国饲料科学和饲料工业的第一代创始人之一。北京农业大学教授。主要从事动物营养、生理生化的教学与研究。享受国务院政府特殊津贴。

安　民　我国动物繁殖学奠基人之一，北京农业大学教授、校长。研究动物繁殖生理，在奶牛繁殖和胚胎移植方面取得突破，是我国畜禽繁殖学的奠基和领军人物。享受国务院政府特殊津贴。

戎　易　动物营养学家、农业教育家。曾任北京农业大学教授。专注于动物营养学的研究，为我国畜牧业和饲料工业作出了不可磨灭的贡献。

董　伟　动物繁殖学家，繁殖系开创人之一。曾任北京农业大学畜牧系教授。研究动物繁殖生理，特别是马人工授精和奶牛胚胎移植，是我国畜禽繁殖学的奠基和领军人物。

蒋　英　我国著名养羊专家、教育家、中国美利奴羊育成者之一。任职于北京大学农学院畜牧兽医系。研究养羊科学，为我国和世界养羊业作出了重要贡献。

周毓平　北京农业大学教授。从事家畜饲养学教学和主持实验动物配合饲料及添加剂的研究，获得国家级科技进步二等奖等众多奖项。

潘君乾　北京农业大学教授。主要从事绵羊育种方面的研究，培育内蒙古细毛羊和半细毛羊，曾获农业科学技术改进一等奖。

刘少伯 中国著名经济学家、养马学家、北京农业大学教授。研究畜牧生产技术、畜牧经济、畜牧业发展战略和农业信息管理等，1959年被授予北京市教育和文化、卫生、体育等方面社会主义建设先进工作者称号，获得农业部技术改进二等奖等众多奖项。享受国务院政府特殊津贴。

王 培 我国草学学科和草地畜牧业的重要领导人和领路者，中国农业大学动物科学技术学院教授。致力于我国草原资源的调查研究工作，是我国草畜产业的学术泰斗和领航者。

王云龙 北京农业大学教授。长期从事设施养鸡、养羊、养猪、养兔工程的配套技术的研究，获得国家科技进步三等奖等多种奖项。

冯仰廉 中国反刍动物营养学科奠基人与开拓者、著名动物营养学家、中国农业大学动物科学技术学院教授。研究养牛学、反刍动物营养学及饲料学，开创了我国反刍动物营养学科。1959年被授予北京市教育和文化、卫生、体育等方面社会主义建设先进工作者称号，曾获农牧渔业部技术改进一等奖等奖项，享受国务院政府特殊津贴。

李 敏 曾在北京农业大学草坪组任职。长期从事草坪的研究，为我国草坪学发展作出了贡献。

单崇浩 我国著名畜牧专家，教授。从事蛋鸡繁育与推广的研究，曾获农业部技术改进一等奖、农牧渔业部科学技术进步二等奖、国家科学技术进步二等奖，享受国务院政府特殊津贴。

张伯洪　从事绵山羊育种研究工作，曾任中国畜牧兽医协会养羊研究会常务理事、中国美利奴羊育种委员会常务理事，享受国务院政府特殊津贴。

叶其铿　从事羊遗传育种与繁殖相关研究工作。中国摩托车运动协会国家级裁判，中国摩托车运动协会副主席，1989年被评为摩托车运动国际级裁判，为我国摩托车运动作出了贡献。1992年9月21日在参加国际摩托车越野赛时在新疆不幸遇难。

孙　拓　从事家畜人工授精研究、动物繁殖与发育研究工作。

师守堃　从事动物养殖方面的生产、研究、教学和管理工作，曾获北京市、农业部、国家科委3次一等奖和4次二等奖。曾任北京农业大学动物科学技术学院副院长，享受国务院政府特殊津贴。

丁角立　从事猪禽的营养参数及预混物配方等研究，为国家制定猪禽营养标准提供参数。曾获科技部科技进步一等奖、科技进步二等奖，享受国务院政府特殊津贴。

陈清明　从事养猪教学、科研、生产推广工作，历任北京农业大学畜牧系党总支副书记、养猪教研室主任、动物科学技术学院动物科技系主任等职，享受国务院政府特殊津贴。

王庆民　从事家禽遗传资源与育种研究工作，曾获北京市教学成果二等奖。

张忠诚　从事家畜繁殖学领域研究和教学工作，曾任中国畜牧兽医学会动物繁殖学分会理事长、中国奶业协会繁殖专业委员会副主任、国际动物繁殖学会（ICAR）常务理事、中国畜牧兽医学会常务理事等职务，为推动我国家畜繁殖学领域的发展作出了突出贡献。

解生勇　从事遗传学及分子细胞遗传学研究工作。

沈慧乐　从事家禽营养研究工作。

吴常信　中国科学院院士，从事动物遗传育种、动物遗传资源的挖掘与开发利用、用模式动物作为畜禽遗传育种的导航试验研究工作，历任北京/中国农业大学畜牧系系主任、动物科学技术学院院长，在蛋鸡育种的理论与实践、节粮小型蛋鸡选育、畜禽遗传资源保存的理论与技术、藏鸡高原低氧适应的生理学和遗传学基础研究等领域取得了一系列重要研究成果，有9项获得国家级奖励，7项获得省部级奖励。曾任中国畜牧兽医学会理事长，中国马业协会理事长，世界家禽学会中国分会主席并入选国际家禽名人堂。

杜玉川　从事养兔教学、科研与生产工作，曾兼管校办兔场，获部委、教委8次奖励。被授予部级有突出贡献专家，曾任中国畜牧业协会兔业分会第一届副会长，享受国务院政府特殊津贴。

王新谋　从事家畜适应和应激、畜舍环境调控及畜产公害防治等研究，是我国畜禽环境生理和畜牧环境工程领域的奠基人，是将畜禽环境生理理论和研究成果深度融入教材和牧场规划设计及畜舍环境调控实践的先行者。曾获高等农业院校优秀教师、国家科委和农业部科技情报成果和技术改进三等奖，兼任中国畜牧兽医学会家畜卫生学分会和家畜生态学分会副理事长、中国养猪行业协会常务理事兼环境卫生部副部长等职。

陈默君　北京农业大学动物科学技术学院草地研究所教授，长期从事草业科学研究工作。

朱玉琴　北京农业大学动物科学技术学院教授，长期从事家禽营养研究工作。

张　沅　从事动物遗传育种学教学科研工作，获国家科技进步二等奖2项、省部级科技进步奖9项，获国家级中青年有突出贡献专家、国家级教学名师奖、全国农业科技先进工作者、宝钢奖励基金优秀教师奖、北京市教学名师等多项荣誉称号。曾任第八届、第九届、第十届北京市政协常务委员会委员、第十一届全国政协委员、北京市政府参事。曾任中国畜牧兽医学会荣誉理事长、畜禽遗传育种学分会理事长、养牛学分会理事长、中国奶业协会副理事长、育种委员会主任、国家畜禽遗传资源委员会委员。享受国务院政府特殊津贴。

张　劳　从事鸵鸟遗传育种理论及指导育种实践工作，主持制定了农业部行业标准《鸵鸟种鸟》，先后出席在日本、波兰、西班牙、巴西和拉脱维亚等国家召开的世界鸵鸟大会，宣传介绍中国鸵鸟产业的发展和科研成果并翻译了大量国外相关资料，为促进我国鸵鸟产业发展作出巨大贡献，曾获国家科技进步二等奖。

贾志海　从事绒山羊研究，研究阐明绒毛生长机理，根据其机理提出绒山羊舍饲半舍饲和营养需要量，已在全国推广应用，曾获北京市和辽宁省科技二等奖。

李德发 中国工程院院士，从事饲料资源高效利用的基础理论研究与应用技术研发。构建了我国主要饲料原料在猪上的有效营养价值数据库，创建了饲料原料有效养分动态预测模型，建立了我国第一个猪营养需要动态模型，主持修订了2004年版《猪饲养标准》，为我国养殖业和饲料业可持续发展作出了重要贡献。获国家科技进步二等奖3项，国家发明专利17项，制定和修订国家或行业标准8项。指导2名博士生获全国百篇优秀博士学位论文。享受国务院政府特殊津贴。

周　禾 从事草业科学、草坪管理研究工作，曾获中国高校科学技术奖二等奖、农牧渔业丰收奖二等奖、天津市科技进步奖三等奖。

张晓明 从事奶牛、肉牛营养，营养素过瘤胃技术等研究，在世界上首次发现验证了烟酸对围产期奶牛能量代谢的重要调控作用，研发了世界上首款过瘤胃烟酸产品，并成功应用于奶牛生产；设计建造了世界上首台移动式奶牛、肉牛能量与物质代谢研究系统。

计　成 从事应用生物技术降解饲料中霉菌毒素相关研究工作，研究成果曾获神农中华农业科技奖一等奖、北京市科技进步二等奖、中国产学研合作创新成果奖一等奖、全国商业科技进步奖一等奖和中国发明创业成果奖一等奖等。

孟庆翔 长期从事肉牛营养和饲料加工利用研究工作，历任动物科学技术学院副院长、党委书记，国家杰出青年基金获得者。法国农业成就骑士勋章获得者，享受国务院特殊津贴。

王爱国　从事猪遗传育种与生产相关工作，曾获国家科技进步奖二等奖1项、省部级科技奖8项、北京市教学成果奖2项、庆祝中华人民共和国成立70周年纪念章。

张　勤　长期从事奶牛和猪的遗传育种工作，研究方向包括奶牛和猪的遗传评估、家畜群体重要经济性状QTL定位等，获国家科技进步二等奖1项、北京市科学技术一等奖1项、教育部神农中华农业科技奖二等奖1项等。

朱士恩　从事动物配子与胚胎冷冻保存技术的研究工作，全国优秀科技工作者和国务院政府特殊津贴专家，曾任中国畜牧兽医学会动物繁殖学分会的理事长。主讲《家畜繁殖学》课程被评为“国家级精品课程”，主编课程教材获“北京高等教育经典教材”和“全国高等农业院校优秀教材”。曾获北京市高校“教学名师”“师德标兵”“育人标兵”和“首都劳动奖章”等荣誉。

龚利敏　从事动物营养与饲料科学教学与研究、新饲料与新饲料添加剂有效性和安全性评价工作。主讲“饲料分析”和“配合饲料生产工艺原理与技术”两门课程。主持制定国家标准2项和农业行业标准1项；主持国家级“十五”和“十一五”规划教材项目2项。曾任农业部饲料效价与安全监督检验测试中心（北京）副主任兼质量负责人。

韩建国　毕生致力于草业科学研究工作，原中国草学会常务副理事长，2001年创立了中国农业大学草业科学系，为草业科学发展倾注了毕生精力。享受国务院政府特殊津贴。

朴香淑　长期承担猪营养教学和研究，荣获爱思唯尔2020年、2021年、2022年连续上榜中国高被引学者；神农中华农业科技奖一等奖1项；两次“百篇优秀毕业论文优秀指导教师”；三次“硕士优秀毕业论文指导教师”；现任北京“京瓦中心”科研主管。

王　堃　现任沽源国家草地野外站站长、中国科协委员、中国草学会副理事长、北京市政府特约监察员、中国科普作家协会理事、海淀区政协常委。主要研究方向为草地资源管理与生态保护，重点开展农牧交错带和恢复生态学研究。主持国家“973”计划、“863”计划、国家科技支撑、国家自然基金、国家重点研发专项课题、国家野外站建设等国家级课题20余项。主持财政部重大农技推广项目、农业农村部丰收计划、中国科协人才培养、青海省重大攻关等省部级项目30余项。获得省部级科技进步二等奖6项、三等奖2项。曾获得“河北省有突出贡献专家”“全国野外科学先进工作者”等称号。

张日俊　中国农业大学动物科学技术学院饲料生物技术室主任、国家重点专项首席科学家、教育部创新团队和动物营养学国家重点实验室核心骨干，研究方向为饲料生物技术、动物微生态与生物饲料、抗生素替代品，2010年获教育部科技进步一等奖，2011年获国家科技进步二等奖。

张胜利　致力于奶牛遗传育种研究，曾任国家奶牛遗传改良计划专家委员会主任、中国奶业协会育种专业委员会主任、宁夏回族自治区奶牛育种专项首席专家，获国家科技进步二等奖。2021年9月7日，赴西藏开展牦牛遗传资源现场审核工作，工作途中因突发性疾病抢救无效，因公殉职。

刘继军　从事智能养殖与家畜环境卫生学研究工作，曾任中国畜牧兽医学会家畜环境卫生分会副理事长，中国农业工程学会畜牧工程分会副理事长，中国畜牧兽医学会家畜生态分会常务理事等职。

曹兵海　国家肉牛牦牛产业技术体系首席科学家，主要从事肉牛营养与牛肉品质调控、肉牛产业技术等方面的研究。现担任农业部全国畜牧业标准委员会畜产品工作组专家，国家质检总局地理性标志产品认证委员会专家、中国畜牧兽医学会养牛学分会副理事长。获国家级奖励2项、省部级奖励1项。

徐桂云　主要从事家禽育种、饲养管理与品质检测工作，获得省部级科技成果奖励4项、国家级审定新品种证书2项。

谯仕彦　中国工程院院士，研究创建了生猪养殖全程低蛋白质饲料配制技术，获国家科技进步二等奖、神农中华农业科技奖一等奖、大北农科技奖成果一等奖。享受国务院政府特殊津贴。

赵广永　从事肉牛消化代谢、肉牛温室气体甲烷及氧化亚氮排放规律、分子机制与减排措施研究工作。取得国家发明专利1项。获北京市科技进步二等奖。

玉　柱　国家牧草产业技术体系岗位科学家、农业农村部牧草工程技术研究中心副主任、中国草学会草产品生产委员会副主任、中国草学会饲料生产委员会常务理事。主要从事饲草加工贮藏与利用方面的研究，主持实施国家或省部级科研项目21项，获得国家及省部级科技成果奖23项，制定国家、行业、地方和团体标准32项，授权专利11项。

张丽英　研究方向为饲料质量安全单胃动物营养，2006年被全国饲料标准化技术委员会授予“全国饲料工业标准化先进个人”。

王凤来　长期从事猪精准营养与健康养殖关键技术研究，获得省部级科技奖励5项。

吴克亮　研究方向为养猪生产与遗传改良，畜禽遗传资源，获北京市教育教学成果（高等教育）二等奖、全国农牧渔业丰收奖三等奖。

杨　宁　国家蛋鸡产业技术体系首席科学家，主要从事家禽重要经济性状遗传基础解析、家禽育种技术研究与新品种培育、蛋鸡生产技术体系研究与示范等工作，现任国家畜禽遗传资源委员会委员副主任、畜禽育种国家工程实验室主任、中国畜牧兽医学会动物遗传育种分会理事长。国家杰出青年科学基金获得者。先后获得国家科技进步二等奖3项，国家技术发明二等奖1项，全国脱贫攻坚奖创新奖1项。享受国务院政府特殊津贴。

连正兴　畜禽遗传改良北京市重点实验室主任、首批全国高校“双带头人”教师党支部工作室党支部书记、中国农业生物技术学会动物生物技术分会秘书长。主要从事畜禽抗病育种和基因工程研究，获国家技术发明二等奖1项、北京市科技进步一等奖1项。获教育部“新世纪优秀人才”“北京市优秀党务工作者”等称号。

罗海玲 国家肉羊产业技术体系岗位科学家，研究方向为羊营养与饲料、肉品评定及质量控制、羊营养与动物繁殖交叉学科，获教育部“新世纪优秀人才”“中国女科技工作者服务奖”“中国畜牧行业先进工作者”等荣誉。

孙　彦 现任中国草学会草坪专业委员会主任委员，国际草坪学会常务理事，草业科学北京市重点实验室副主任。从事草坪科学与草种子检验的教学与科研工作，主要研究方向是草坪与牧草抗逆生理及低养护草坪草品种选育；主持国家自然科学基金及省部级等项目10项，参加国家现代产业技术体系、“863”、科技支撑等国家级及省部级课题20余项。育成草坪草与牧草新品种6个，授权国家发明专利10项。获省部级科技奖二等、三等奖8项。

秦应和 国家兔产业技术体系首席科学家，兼任世界家兔学会副主席、中国畜牧兽医学会养兔学分会理事长、中国畜牧业协会兔业分会会长，主要开展家兔育种、家兔繁殖生理及繁殖控制技术、家兔营养调控等领域的科学研究工作，获省部级科技进步一等奖1次、二等奖2次。2012—2018年连续四次获得“中国畜牧行业先进工作者”的荣誉称号。

呙于明 中国农业大学动物科学技术学院现任院长，动物营养学国家重点实验室副主任，长江学者特聘教授；国家杰出青年科学基金获得者、国务院政府特殊津贴专家、新世纪百千万人才工程国家级人选、全国农业科研杰出人才、教育部创新团队学术带头人。研究领域为家禽营养与饲料科学，获国家科技进步二等奖1项。

李胜利 国家奶牛产业技术体系首席科学家、中国畜牧兽医学会养牛学分会理事长、动物营养学国家重点实验室副主任、中国奶业协会副会长，主要从事奶牛营养、饲料营养价值评定及数据库建设、奶牛饲养标准、围产期奶牛营养和牧场饲养管理等方面的研究工作。获国家科技进步二等奖2项、省部级一等奖4项。享受国务院政府特殊津贴。

宁中华 国家蛋鸡产业技术体系岗位科学家，国家家禽测定中心副主任，农业部家禽品质监督检验测试中心副主任。致力于家禽品种（配套系）选育及健康养殖方向。培育了包括“农大3号”“农大5号”“大午金凤”和“容德黑羽小型蛋鸡”配套系在内的多个蛋鸡新品种，先后获得了国家科技进步二等奖2次、省部级奖3次。

袁建敏 北京市家禽创新团队岗位科学家，国家饲料工业标准化委员会委员，全国畜牧业标准化委员会禽业分会委员。主要研究方向家禽精准营养评定方法及饲料高效利用技术，获得国家科技进步二等奖（排名第5）2次、省部级一等奖4次、北京市科技推广三等奖（排名第1）、中国农业大学社会服务突出贡献奖。

王雅春 长期致力于奶牛、乳肉兼用牛育种规划及核心群建立，耐热、耐寒、抗逆、长寿和高繁等功能性状遗传基础解析、选育技术研发与应用，获得国家科技进步奖二等奖1项（中国西门塔尔牛新品种培育）、省部级科技进步奖4项。

张　浩 国家蛋鸡产业技术体系岗位科学家，国家畜禽遗传资源委员会家禽Ⅰ专业委员会副主任。长期从事我国地方畜禽品种资源创新利用和鸡分子育种技术研究，获得省级科技成果奖5项，国家发明专利10余项。《中国畜牧杂志》副主编。

王楚端　研究方向为猪遗传育种与规模化生产，中国畜牧兽医学会养猪学分会理事长，农业农村部生猪遗传改良计划专家委员会委员，农业农村部猪品种资源委员会专家委员，中国畜牧兽医学会动物遗传育种学分会理事，获省部级以上奖励9项。

田见晖　长期从事动物繁殖理论与技术研究工作。针对我国种畜繁殖效率低的畜牧业发展难题，从大动物繁殖的重要规律和关键机制入手，突破母猪同步化繁殖调控和牛羊体外胚胎扩繁的技术瓶颈，建立了我国大家畜的高效繁殖技术体系。教育部长江学者特聘教授，获国家技术发明二等奖、教育部技术发明一等奖，授权中国发明专利10多项、国际专利2项，获批国家二类新兽药3个。

曾申明　主要研究家畜卵泡闭锁和卵子老化的分子调控网络以及家畜胚胎工程和繁殖调控技术，获教育部、农业部和北京市科技进步一等、二等奖。中国畜牧业协会驴业分会副会长，中国畜牧兽医学会动物繁殖学分会和马学分会常务理事。

赵兴波　从事农业动物起源驯化（古DNA研究）、线粒体基因效应分析与验证及农场动物福利与生态畜牧的科研与产业实践。入选教育部“新世纪优秀人才支持计划”、北京市“科技新星计划”，获国家级科技奖励1次、省部级科技奖励4次。

戎郁萍　现任国家林草局河北坝上农牧交错区草地生态系统定位观测研究站站长、中国草学会草地资源专业委员会副主任委员、中国草学会草业教育委员会副主任委员，国家级自然保护区管理评估专家。主要研究方向为草地资源管理，重点开展草地资源异质性、多样性及生产力变化规律以及草地资源碳汇管理等相关研究。主持国家自然基金等国家级课题7项，参加“973”“863”、国家科技支撑、国家重点研发及省部级课题20余项。获得新品种审定3项，授权国家发明专利3项，计算机软件著作权2项。获得省部级科技进步奖7项。

吴中红　智能养殖与环境科学系系主任，国家兔产业技术体系环境调控岗位专家、中国畜牧兽医学会家畜环境卫生学分会副理事长，研究畜舍环境控制技术、畜禽养殖工艺和配套设施设备、畜牧场的合理规划设计。

毛培胜　国家林草局全国林业和草原教学名师，现任草业科学北京市重点实验室主任、中国农业大学牧草种子实验室（ISTA认可实验室）主任。主要从事草种子生理和生产技术方面的研究。作为国家牧草产业技术体系种子扩繁岗位科学家、主持承担了国家自然科学基金面上项目、农业农村部财政专项、北京市重点实验室项目、“十一五”和“十二五”科技支撑计划课题、博士点基金、北京市重点实验室项目等50余个项目。制订标准11项，获得授权发明专利5项、省部级一等奖2项。研究生实践教学成果荣获全国农业专业学位研究生教育指导委员会一等奖。

尹靖东　研究方向为动物营养与饲料科学、动物肌肉与脂肪发育的营养调控，2015年获国家科技进步二等奖（荣昌猪品种资源保护与开发利用），2012年获重庆市政府科技进步一等奖（荣昌猪品种资源开发关键技术研究与产业化示范）。

俞　英　动物遗传育种系副主任兼系教职工党支部副书记。主要研究方向为动物健康与疾病性状的遗传及表观遗传调控机制解析、反刍动物表观遗传修饰的进化、奶牛隐性/临床乳房炎风险评估及应用等。获得北京市科技进步奖一等奖、内蒙古科学技术进步奖二等奖以及云南省自然科学奖二等奖等省部级科技奖4项。

方美英　研究方向为猪遗传资源与分子育种，现担任国家畜禽遗传资源委员会猪专委会委员，畜禽遗传改良北京市重点实验室副主任；中国动物遗传育种学会及全国动物生物技术学会理事；第三次全国猪遗传资源普查技术专家。入选教育部“新世纪优秀人才支持计划”，获省部级及其他奖项共4项。

杨红建　研究方向为反刍动物营养与胃肠道微生物，获农业部农牧渔业丰收奖一等奖、国家科学技术进步奖二等奖、环保部环境保护科技奖二等奖、中华农业科技奖优秀创新团队成果奖、新疆维吾尔自治区科学技术进步奖二等奖等。

赖长华　研究领域为猪营养与免疫、猪饲料原料营养价值评定及数据库构建，2008年入选教育部“新世纪优秀人才支持计划”。

曹云鹤　从事饲料酶与抗菌肽应用基础研究工作，2008年入选教育部“新世纪优秀人才支持计划”，“十二五”国家科技支撑计划“安全高效饲料添加剂创制与应用”项目首席专家，多项技术成果获得转化，获得国家科技进步二等奖2项。

张英俊　现任中国农业大学草业科学与技术学院院长。国家级高层次人才获得者，国家牧草产业技术体系首席科学家，中国草学会副理事长、秘书长，*Grassland Research*副主编。主要研究方向为草地管理与牧草生产。主持国家自然科学基金重大项目、国家重大农业科技项目等40余项，以第一完成人获得教育部科技进步一等奖和大北农科技奖等。

邓学梅　主要研究方向动物遗传资源与分子育种，获得国家技术发明二等奖1项、教育部自然科学一等奖1项，教育部“新世纪优秀人才”，曾获“北京市科技新星”、北京市教学名师等荣誉。

孙东晓　动物遗传育种系主任，从事奶牛遗传育种研究，研究方向为动物分子数量遗传学与奶牛育种，获国家科技进步二等奖、北京市科学技术一等奖、北京市科学技术二等奖、河北省科技进步奖各1项。

刘国世　动物繁殖与发育科学系主任兼系教职工党支部书记，入选中组部国家“万人计划”科技创新领军人才、科技部“创新人才推进计划”、教育部“新世纪优秀人才支持计划”。担任家畜产业体系北京市创新团队岗位专家、繁育功能室主任。以第一发明人获国家专利17项、国际专利1项。获省部级奖励5项。

刘剑锋　中国农业大学动物科学技术学院副院长，中组部国家级高层次科技领军人才、国家生猪产业技术体系岗位科学家。主要致力于猪数量遗传学、生物信息学理论和计算技术研究。获国家科技进步二等奖1项、省部级成果奖4项、大北农科技进步奖。

武振龙　伴侣动物科学系主任兼系教职工党支部书记，研究方向为动物营养生理与肠道健康、营养与环境，入选"万人计划"科技创新领军人才。主要从事氨基酸营养与畜禽健康养殖相关研究。

马秋刚　动物营养与饲料科学系主任兼系教职工党支部书记，教育部"新世纪优秀人才"，中国产学研合作创新先进个人，校级教学名师。国家蛋鸡产业技术体系岗位科学家。研究方向为蛋鸡营养需要、霉菌毒素生物降解、绿色饲料添加剂开发等。获得国家科技进步二等奖1次，省部级科技进步一等奖1次、二等奖3次、三等奖2次。

张蕴薇　现任中国农业大学草业科学与技术学院副院长、草业科学北京市重点实验室副主任、中国草学会牧草育种专业委员会副主任委员、中国草学会能源草类专业委员会常务理事。主要研究方向为草类植物育种，侧重提高牧草和能源草品质及抗逆性的生理及分子研究。主持"863"、国家自然基金等国家级课题8项，参加"973""863"及科技支撑等国家及省部级课题20余项。获得新品种审定3项，授权国家发明专利4项，计算机软件著作权2项。获国家科技进步二等奖1项，省部级科技进步二等奖3项。

杨富裕 国家级高层次人才获得者，入选国家“万人计划”科技领军人才、科技部中青年科技领军人才等。曾任中国农业大学科研院重大专项处处长、常务副院长等职，担任中国农业科技管理研究会副理事长、中国草学会青年工作委员会主任委员等职。主要从事饲草资源开发、木本饲料加工利用和草畜一体化研究，主持“十四五”“十三五”国家重点研发计划、“十二五”国家科技支撑计划、国家自然科学基金、“863”计划等项目，获国家科技进步二等奖1项、授权发明专利10余项。主持和主要参与科技部、中国工程院、国家自然科学基金委、农业农村部、教育部等多项科技规划与战略研究。

李孟华 中国农业大学动物科学技术学院副院长，国家重点研发计划首席科学家，中国农业大学领军教授（A类）、国家级创新团队负责人，中国科学院“百人计划”引进海外杰出人才（A类）。担任国际动物遗传学会羊专业委员会主席，主要研究方向为羊遗传与种质创新。

曲鲁江 研究方向为家禽遗传育种，利用生物信息学、比较基因组学等多种手段研究家禽重要经济性状的遗传机理并解析家禽驯化历史，任农业农村部家禽品质监督检验测试中心副主任、国家蛋鸡遗传改良计划专家组成员、中国畜牧兽医学会家禽学分会理事，教育部新世纪优秀人才，获得省部级奖励7项。

张　微 动物营养与饲料科学系副主任，研究方向为反刍动物营养与饲料、绒毛生长机理与品质调控等，国家绒毛用羊产业技术体系岗位科学家，全国畜牧总站草牧业形势分析专家组专家。主持《绒山羊营养需要量》标准制定，获省部级奖励3项。

周振明　研究方向为肉牛饲料营养价值评定和肉牛营养需要，现代农业（肉牛牦牛）产业技术体系岗位专家、中国林牧渔业经济学会肉牛专业经济委员会副秘书长、中加肉牛产业联盟专家委员会副主任。

王军军　中国农业大学动物科学技术学院副院长，长期从事IUGR猪新生期肠道发育缺陷与微生物定植干预、断奶后营养代谢利用特征解析及基于血浆代谢组营养评估和消化发酵动力学平衡的配方体系构建与精准营养研究，国家生猪产业技术体系岗位科学家、国家重点研发计划项目首席科学家、动物营养学会猪营养专委会主任，荣获神农中华农业科技奖一等奖和中国青年科技奖。

臧建军　教授级高级畜牧师，主要负责中国农业大学丰宁实验站建设与运行管理，参与获得农业农村部、教育部、北京市科技奖各1项。

侯卓成　畜禽育种国家工程实验室常务副主任，国家畜禽遗传资源委员会专家组成员以及家禽Ⅱ组副组长，国家水禽产业技术体系岗位科学家，全国水禽遗传改良计划委员会专家。创建了北京鸭全基因组选择技术体系并产业化应用，培育了烤鸭专用新品种“京典北京鸭”。荣获北京科技进步一等奖，教育部科技进步二等奖，全国农牧渔业丰收一等奖等。

丁向东　国家生猪产业技术体系岗位专家，中国畜牧兽医学会养猪学分会理事兼副秘书长、信息技术分会理事。研究方向为统计遗传学与动物分子设计育种，获国家科技进步奖二等奖1项、省部级奖励4项。

张　毅　国家奶牛产业技术体系岗位专家，主要开展奶牛基因组育种技术研究，获省部级奖励3项。

曹志军　主要从事奶牛营养与牛奶质量方向的教学科研工作。中国农业大学本科生院常务副院长，全国新农科建设中心秘书长，首都劳动奖章获得者，教育部长江学者特聘教授，“万人计划”青年拔尖人才，获北京高校第十一届青年教师教学基本功比赛（工科类A组）一等奖。

马　曦　动物营养与饲料科学系副主任，饲料中心教职工党支部书记，主要开展仔猪生理与营养代谢调控、生物饲料研发，入选中组部“万人计划”、科技部中青年科技领军人才、教育部青年长江学者。获国家技术发明二等奖、国家科技进步二等奖、中国发明创业奖、创新奖一等奖。

张炳坤　长期致力于促进动物黏膜屏障功能健康发育的营养调控及其相关机制研究，获国家科技进步二等奖和全国农业专业学位研究生实践教学成果奖二等奖各1项，入选北京高等学校“青年英才计划”和动物科学技术学院青年英才培育计划A类资助。

王　勤　主要从事畜禽遗传资源及新品种培育研究，中国马业协会马属动物育种委员会副主任委员，获得国内外发明专利10项，成果获得省部级科技奖励多项。

陈义强 主要从事饲料质量安全检测与风险评估研究工作。申请发明专利8项，已授权2项，完成技术转让3项，多项研究成果实现产业化应用。

安　磊 长期从事动物配子、胚胎发育机制研究，以及胚胎工程和繁殖调控技术开发。获国家技术发明二等奖、教育部发明一等奖等。

胡永飞 中国科学院青年创新促进会会员、中国研究型医院学会空间微生物学与感染专业委员会青年委员，主要从事畜禽肠道微生物与营养及免疫等方面研究工作。

董　娜 先后主持国家自然基金面上项目2项，参与国家自然基金重点项目和国际合作项目各1项，参加多项重点研发计划。

曾祥芳 聚焦母猪与仔猪营养代谢调控，获神农中华农业科技奖一等奖（排名第3）和大北农科技奖成果一等奖（排名第3）。

张　帅 农业农村部饲料工业中心教学科研部主管，入选“教育部重大人才工程青年学者”。围绕猪营养数学模型与猪智能精准饲喂开展研究工作，主要研究内容包括：猪能量分配与采食行为变异规律及调控机制，猪净能需要量经验模型与机制模型、软件及智能物联网设备开发等。获神农中华农业科技奖一等奖，国家级教学成果二等奖等。

二维码7–1　动科有我，携手同行（在职及退休教职工名录）

二、学生名单（1949年北京农业大学畜牧系成立后）

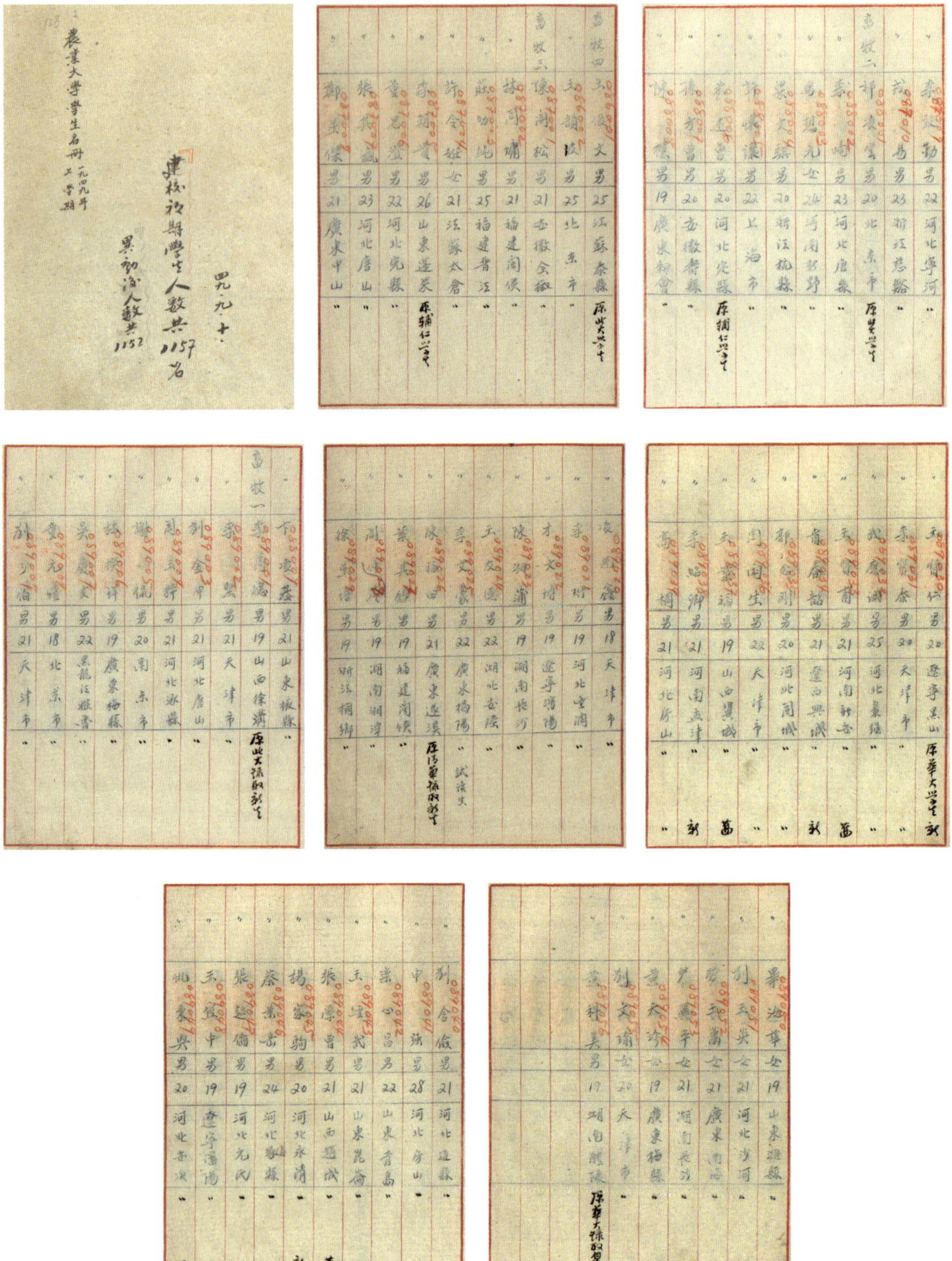

图7-1　1949年北京农业大学建校初期畜牧系学生名单

表7-1 1950—2023年学生名单

年份	学生类别	学生姓名
1950	本科生	陈淑勤，莫英秀，于化龙，王秀娴，张四维，曾宪榕，张祖麟，傅永芬，顾有融，黎蕙蓉，任贵朴，萧庆孚，何谓霞，顾颜愉，莫　介，谭承禹，符名録，郭民本，杨常泰，曹风岐，董智远，刘淑贞，李金声，岑毅生，叶翼光，徐雯耀，霍健文，卢松华，未　江，陈楚瑜，钟永安，李连慧，何纪宁，邓玉诚，李书屏，郭有荣，盛蕴纯，杨自立，关颐敬，沈南英，万兆玲，郁明发，杨　再，薛德霖，章竟屋，归华珠，朱元照，姚馥芬，刘淑娴，谢树森，吴富融，许燕吉，陈惠定，李　敏，李希儒，梁国樑，陈树才，张继仁，道良佐，陈琼瑜，潘静娴，赵燕生，房忠傑，陈昌定，蒋恩铁，陈中道，唐临三，韩更金，凌世昌，刘克苏，王云龙，武大椿
1951	本科生	曹冀平，梁其英，赵天佐，周晋俊，南维林，赵平生，渠川珣，张居毅，王兆广，黄长超，林麗梅，罗金玉，罗汝棉，林泉祥，阮素蕙，陈鸣凰，黄绶香，刘　钟，张守清
1952	本科生	叶春起，李兰香，刘志同，崔可仕，赵含章，闫振崙，费舜度，邹霞青，来文林，张子亮，钟显耀，陈大彰，沈慧乐，郭思曾，陈幼春，张凤辰，陈耀椿，刘智洼，山维岳，邱贤亭，艾文森，黄沛龄，陈业永，柯龙渊，黄钦舜，陈振华，罗展鹏，蓝其维，周东彝，何昌发，傅汉诚，霍尚贤，陆琴梅，赵荣华，冯宗舫，田果良，陶才美，刘缵授，周咸瑜，罗荣华，郭农美，朱玖赫
1953	本科生	万宝璠，何必显，季美华，梁国煦，王振漪，陈韶让，呼金璋，周建民，吴　琪，梁本生，薛鸣华，张士冷，江有光，葛汉云，谢焕宇，吴诚鸿，朱普智，戴度生，秦允超，柴熊飞，吴常信，金云善，马世昌，许家骐，王道光，王　咢，刘孝惇，张文英，黄朝祥，朱明皓，刘肖藩，朱天倬，方培业，崔汉成，郑国强，李锦钰，张棵材，周福和，洪觉新，娄思齐，黄光壁，顾明声
1954[a]	本科生	高淑兰，刘德蕙，索国光，宗保兴，米锁珍，兰巨生，雷守文，孟嘉敏，蒋振国，张兆兰，张晓岚，李武英

编者注：历年学生录取名单来源于学校档案馆、本科生院和研究生院，由于年代跨度久远、部分年份未招生、部分年份缺失学生录取名单、部分学生姓名为手写体或繁体字而导致识别错漏，敬请批评指正。
注：a，本年度招生22人，只查到华北区12人名单。

续表7-1

年份	学生类别	学生姓名
1955	本科生	易培智，牟敦兰，黄承昌，杨雪南，顾辉德，郭志勤，傅佩鸣，郑荫樟，陈　樵，王东江，蒋肇英，彭　诚，廖承斌，王　熹，于世荣，李大全，奥　德，乌　兰，李俊英，李大杰，杜玉川，候文一，黄美荣，叶世雄，傅　昭，康晓然，王宝玉，林　斌，刘松慧，窦顺铭，黄淑沧，于贵珍，于双墨，王来福，王振庆，于中流，张全义，丁志文，杨润芝，王瑞阳，李毅民，张书华，黄伾昭，任振森，王　正，张赛花，林耀族，黄世勤，朱永绥，乔培华，师守堃，梁福新，高源汉，刘长旺，阎傅清，黄怀清，卢德勋，李旭温，傅立志
	硕士生	阮素惠，董长超
1956	本科生	张伯洪，王书华，刘灼芬，贺高智，张春芬，郭庆亭，张庆维，黄快德，常亨利，焦碧兰，关彦华，姜振环，刘大衡，张焕荣，何智强，彭钦良，曾昭光，齐宗逭，毕　树，张爱国，李文彬，于金冠，刘庆棣，黄坤祥，许振兴，程兆枢，周淑敏，任喆生，时　宜，汤治日，吴玉贵，李　森，史宽量，金生才，李恒志，张　镛，陈玉琦，金光钧，宋国栋，杨志震，邓廷秀，胡景山，单崇浩，杨尚勇，郭思仁，慎伟杰，徐　直，南庆贤，郑振奋，岑启松，关德俊，许志信，张遵道，孙　拓，周梦蛟，孙善铿，丁角立，瞿伯以，徐景青，林耀昌，朱家园，翁世熊，毛战生，程家炯，韩作农，刘显祖，郑醒武，楼盛涛，胡修铿，黄　忠，张统环，姜之傑，李炎德，陈广惠，陈　隆，王新谋，高明堂，胡朝星，程克英，李汉清，赵世超，陈秀英，陈大光，王碧珊，宋绍宏，王敬西，刘子彬，文启荣，黄应祥，吴慧芬，王睦生，凌自权
1957	本科生	扈有蓉，白和荷，任鹤年，田治国，吴鸣远，周伯超，梁克用，曹致厚，张冀汉，王贵生，田家良，边继宗，刘克俭，吴同礼，程长生，杨建中，袁光俊，闫如玉，栗淑景，左连璧，赵衍治，黄文秀，李大钦，乔丕苏，斯文敏，赵整常，史竟云，韦曼虹，张　华，宗冬生，刘洪武，朱良其，斐桂林，贾治川，林喜生，储娟娟，贺程浩，康　宁，薛兰芳，尹镇华，沈启炎，方展欢，

续表 7–1

年份	学生类别	学生姓名
1957	本科生	罗应荣，李国豪，陈远金，卢冠声，尹执中，夏增权，王夑曾，孙治国，姜竹钱，王立斌，闫铁松，于世涛，陈昌元，常　洪，潘　钺，任秉欣，范慧娟，岳来发
1958	本科生	金月英，白万才，曹百合，邱振达，郑绪琪，王英伯，王立之，李聚兴，王　景，贺甲群，袁碧泉，卓天忠，王华维，李晶辉，张治平，欧瑶光，张思温，占连山，李榴香，曾突深，王温珠，廖纪朝，李金乱，金荣亮，高新寨，林祥启，李圣子，刘耀宗，杨宝琴，黄春骄，孟昭水，肖良玉，王燕芳，张大全，吴韵珊，王　治，李素芬，陈明熺，张自安，王绍崧，崔天英，刘忠贤，赵庆连，史梅英，苏朝恒，李復突，洪秀筠，洪广田，连铭欢，闫瑞璋，沈莲英，黄玉瑛，姜佩琪，沈文津，范继山，佟守礼，王桂敏，蒋宝山，杨梢年，盛石峰，陆廷萼，刘树人，王　前，陈效绅，张　珍，李梦华，硕之春，蔡德章，张婉真，吴焕卿，孙冰珍，辛万铭，刘鸿春，郭　涟，侯昆生，陆曦蕾，殷归真，林宝成，芦映华，乌兰珊丹，云国栋，陈淑华，王崇君，马震华，林运钣，艾宏俊，张召南，秦守愚，陈万仲，梁茄玲，张伟长，杨厚斌，陈清明，黄尔仁，李邦伟，王崇江，杨宗谷，乐永永，李培华，程后仁，汤大顺，汪志铮，王信邦，万恒云，王在贵，苏以温，沙瑞国，朱大银，何润池，李韶标，魏　晓，和兆瑞，尹富善，何克武，杨先堂，吴学悬，王怀德，赵阳明，张铭芋，李新材，饶圭林，宁甘寿
1959	本科生	吴伟民，李诚忠，叶文善，覃开禄，车天锡，洪光琯，杜世铨，尹瑞华，石桂山，梁镇纲，尹　铮，周礼贤，李振清，曹学斌，禤宗能，赵瑞莲，许长乐，王志清，方绪光，张仲雅，向敛本，刘才才，龚桂兰，傅月华，陈　勤，陈海青，王玉良，傅铭举，傅传谟，解居伦，范锡铭，刘家坤，李耀琴，秦瑞仁，招继拴，牛其照，王学海，冯家颜，李润藩，白昭祥，张秦卫，顾荣洲，陈口侠，樊　耀，吴伟民，叶文善，李诚忠，杨道行，陈毓斌，常署娟，张大生，刘秦，欧阳汝钧，苏大学，黄　涌，庄大良，聂思政

续表 7-1

年份	学生类别	学生姓名
1960	本科生	韩同举，陶成章，陈金大，史一方，吴云霞，刘惠光，杨归钧，何启仲，王庆民，李傑夫，肖佩早，任世光，史得贵，封亚农，胡子千，吴升鹏，邓之志，陈宣瑞，米正祥，姚传芳，钟　文，赵大同，传芸窈，朱玉琴，刘志钧，张天民，李家祥，陈永福，王孝仁，刘鸿茹，公枕安，郭思佳，李福昌，蒋春树，王明仙，李继蕊，洪昌茂，胡令浩，刘阳秋，段晓鸥，翟京玺，石国贞，李京祥，武　燕，耿玉树，张　沅，郭子辉
	硕士生	付　昭，于双墨，卢德勋，王宝玉，朴镐俊，崔宝瑚，郑元沏
1961	本科生	黄清海，陈天送，周定保，麻经国，徐君洋，肖　苹，于祖业，胡志春，沈　淙，常晓燕，李之清，刘学鲁，高　萍，张佳贤，李昌之，李月美，郭培钧，张志义，陈茂金，周初胜，陈祖铭，程興骈，李世亮，袁　林，陈家任，梁淑钰，李　络，王会恩，陈文瑞，张彦昌，党白珍，王　平，裴钰智，宋瑞芝，陈如柏，赵春玫，许子荃，许松春，徐芨娜，张洪赛，龙支发，邵为明，李永光，张忠诚，吴文春，相炯蟲，清東徒
	硕士生	黄　泽，韩作农，郭庆亭，雷昭芳，时　宜，陈秀英，黄应祥，慎伟杰，张伯洪，王睦生，徐　直，金光沟，丁角立，陈大光，姜之傑，郑醒武，陈玉琦，瞿伯以，翁世雄，姜振环，周淑敏，许志信，刘庆棣，胡幼初，李永进
1962	本科生	张思全，蒋淑芳，李小梅，闫汉平，王兆福，李景民，孙义华，王京顺，崔银增，樊志存，武延增，叶纯民，杨　林，李　恩，王恒生，王佐民，唐焕玫，刘仁杰，司淑珍，郝洪顺，刘存良，梁来顺，郭朝忠，薛永康，章　熙，张伟力，康鸿明，张同达，施伯煊，周弥宝，于志民，王明光，沈志达，程本章，陈　鸿，曾晒晏，汪跃鱼，陈衍仁，冉懋值，曹兆大，廖兆祺，黄信国，刘洁芸，傅世威，英世傑，余正富，蔡金波，王明慧，晏德望，王秀珍，于　莉，冯志民，杨瑞莲，杜梅花，李克勤，郭光宇，韩银生，王克全，杨忠义，万安琴
	硕士生	夏增权，吴同礼
1963	本科生	蒋宝银，王学铭，王桂贤，胡桂娥，梁冠生，张宗海，杨荣芬，张辰生，赵增福，渭宽路，刘学勇，魏　荣，丁修芳，曹洪林，

续表7-1

年份	学生类别	学生姓名
1963	本科生	张德信，张志明，杨　璧，徐蕴治，季德联，李月平，姜春生，侯兆轩，轩慧敏，张玉花，叶旦地，张立璇，邢克黔，胡海陆，周逸民，王笠村，许兆安，蒋方福，贝珠潮，黄明珠，何美德，汪胜泉，陈文鹿，吕　智，陈　炎，陶世苾，盛祖炜，王道地，王盛翔，单光鼐，林彰毓，莫国清，章启高，林爱英，张再延，张大昌，李润秋，马兰瑞，翟永久，郭延功，孔德秦，夏景新，张广厚，冯中华，徐志茂，王洪哲
1964	本科生	冯洪培，孔应山，肉宪之，徐维良，马祥全，金龙斌，袁细贞，龚饮孜，雷海溱，陈　英，马才珍，庞梅兰，庞淑媛，左宝迟，王克军，兰福良，崔美芝，张子臣，孙树民，刘　军，田万亿，何美英，王邦清，李思兴，袁曙光，高锦轩，施到义，梁维霞，郭洪缸，王　进，田瑞吖，焦　毅，孔雪荣，杨宝珠，孙海良，赵武光，成　永，于吉凤，王雪玲，赵兴华，李丕霖，刘社民，王子费，杨能富，魏永升，黄涞城，赵淑春，叶志英，范玉芬，张兴明，杨光宗，王仁望，余清华，刘泉成，田俊福，胡永云，白庆漠，杨正民，周　恕，黄　浩，李威悌，杜明全
	硕士生	白明祥，李载儒
1965	本科生	惠振耘，段绥虎，刘武江，高　亮，莘文英，吴铁生，马英云，尚　蓉，路　宏，古学湧，孟玉仙，张　彦，付子兴，李钧田，陈月秀，刘长增，秦树生，杨兴起，利文捐，张钢夫，杨国明，杜风英，王桂文，王淑兰，刘建成，李处环，谭庆诚，郑希武，超廣法，吉　随，阴国让，张　權，贾凝谦，魏废信，郭德有，王殿忠，荣健之，李在林，范秀珍，崔　岘，姜　雁，付景春，金嶺梅，张宁生，杨滏滨，王有泰，何春珠，张国杨，臧凤娟，交克杨，胡永林，张小珠，刘云虎，肖作莫，易丽鸥，郑元坡，涂秀丽，黄元法，廖志生，张鸿芬，曾凡成，徐应华
	硕士生	史德宽，张沅，吴升鹏，刘鹏岑，朱大银，钟文
1975	工农兵学员	果宝生，国玉敏，梁英南，曹树岭，李德发，高仲元，王风立，甄如林，张忠岐，王　兴，刘跃才，徐忠元，甄国明，徐京阳，刘继业，王吉秋，贾志海，许尚忠，王晓彬，朱晓萍，王艳阳，吴焕启，李兰胜，庞国军，邱满舵，顾福珍，隋连忠，朱景武，

续表 7-1

年份	学生类别	学生姓名
		何俊雪
1976	工农兵学员	吴怀永，韩玉忠，许茂祥，李占车，李宝合，赵国通，张克军，林子涛，张隶金，常志明，李英俊，李秦贤，李连庄，丁　武，安平均，景洎生，乔秀芬，许献茂，魏艳玲，歇平均，刘转跃，
1976	工农兵学员	翟国英，张建军，安永援，张立红，王江香，马宝院，李风琴，张及云，尚淑华，马自军，解良录，刘素兰，耿月光，吴明霞，刘　莫，徐爱青，赵淑芳，张路平，王学兰，代小球，于金生，王殿金，张铁山，姚占水，柏荣根，宋占朝，李国斌，白文翠，那永朋，李铁军，边占良，王贵春，李和群，李锦书，张栋梁，王壮喜，殷彦芳，殷更奇，李振国，靳忠凯，康继金，李贺子，郭树仁，韩新军，刘振峰，马振学，齐根路，周学良，左双降，王仲山，黄学良，郝新建，叶　会，何文良
1977	本科生	张喜武，杨　富，蒋桂芳，顾瑞菊，王跃富，刘振生，张秀明，候万文，王佩增，刘金奎，刘国栋，李结楷，张法瑞，王春祥，张若寒，吴　伟，程　沈，杨向忠，土文杰，斗　锋，殷承文，王新军，邢鸿飞，梁县森，曹永新，鲍有第，刘玉军，黄曼莉，龚利敏，贾小红，阮明，刘的朝
1978—1979	本科生	李印巩，王存山，樊彩良，常小国，唐育路，王蔚芹，高秀华，蒋　庆，易果生，杨小冰，刘　政，单达聪，苏彦明，佟建民，李秀峰，李树才，宋桂敏，刘永功，李　鸥，拓文斌，袁志明，李　英，王丽贞，刘建平，杨　军，赵景阳，左和平，马永兴，杨福合，宋昆岗，陈之果，张广安，殷志永，崔杰云，马金旺，满东河，李恩强，程宏典，陈安庆，王占河，张宗羲，郑维涛，郑振辉，付凤生，郭树凯，张京和，孔维堂，郭德玉，谭二发，郝治平，陈　健，王树玲，郑仲贤，周宝玉，潘裕华，李　艺，杜華新，张　红，李晓莲，王小洪，刘　林，谢　镇，梅克羲，戴嘉林，陈生存，李井志，曹　顺，付　皓，张金柱，曾　凯，李瑞国，宗宝星，苋北阳，林大勇，赵子熙，袁振国，冯　波，李文海，付双全，英殿国，刘　平，杨久仙，赵飞虹，梁伟光，黄晓燕，张怀仁，祝立清，谢蜀扬，闫瑞芬，王巍之
	硕士生	马世援，张晔，陈衍仁，干高雄，张沅，张劳，杨达，张文灿

续表7-1

年份	学生类别	学生姓名
1980	本科生	赵　杰，吕　静，王志刚，胡胜强，刘建华，赵肖虎，居仲毅，徐建雄，李吉祥，赵先勉，吕跃东，牛志远，李文樑，王家男，任发政，姜　泳，白　桦，李守忠，王　峰，徐桂云，邢宝奎，白建新，王立虎，张洪军，孔学民，徐振忠，苔坤田，魏明兴，杨保平，杨云贵
	硕士生	倪可德，计成，梁冠生，蒋如明
1981	本科生	何宗旷，石爱家，王申福，杨爱军，朱　捷，蔡　敬，戴永华，田秀春，王惠英，任连泉，王会娟，王凤来，李彦立，唐福坤，吴毓群，李兴民，张志军，富俊才，张志军，丁　茂，周启明，刘光兴，江守海，骆先虎，石孟娇，胡贡林，毛华明，叶绍辉，何　锋，吴　瑞
	硕士生	阮　明，李玉奎，张　勤，牛文生，郭文林，龚利敏，张晓明，张若寒，高洪文
1982	本科生	金　潇，刘永东，李永刚，赵　岭，唐登华，王云芳，程起芳，陈劲松，李卫民，张建忠，金　跃，高雅琴，丁少全，仝宝生，王　坤，赵小明，胡洪杰，李义海，张　禹，冯建国，刘桂玲，闫奋民，刑玉梅，刘元科，朱玉林，范学斌，马月辉，刘继军，徐天立，孙洪仁，刘永元
	硕士生	李明定，周建正，谢　庄，解　鹏，齐佩虎，毛德坤，罗先文，锡　林，孟庆翔，刘永功，佟建明，林春建，李瑞利，张志明，李　鸥，刘富元，王天林，孙一泓
1983	本科生	单达成，刘长春，杨绍源，许　清，徐丽君，杨素霞，戴旺苏，符开星，甘昶春，王福军，郑　磊，吉进卿，温虎成，王国森，王建忠，沈　龙，李淑英，刘　竹，马学武，李尧杰，黄　光，付　蓉，吴庆安，张智军，秦应和，张少华，韩兴泰，李继荣，魏何黎，张朱陶，席永平
	硕士生	李　英，李印巩，刘新荣，拓文彬，饶绍奇，李颖康，邵尊森，崔树良，陈益洲，徐旺生，罗绪刚，唐伯林，黄北阳，赵仕福，李爱科，许民强，蒋永清，韩建国，安清潞，朱大鸣
1984	专科生	于秀水，贾秀兰，邢翠凤，张秀红，张雪峰，胡秀云，刘淑彦，胡忠福，孙燕文，文桂清，周来生，吕九泉，冯　斌，詹云凤，

续表 7-1

年份	学生类别	学生姓名
1984	专科生	刘玉花，王健美，杨秩莲，刘莲芳，吴建霞，孔祥兰，陈艳平，紫景环，张学晖，柏完山，甄园振，单淑芬，郭晓慧，郑占华，严立群，史秀莲
	本科生	张守全，高山松，张少能，顾宏伟，黄　伟，韩　辉，廉美奇，高　竹，王根辉，沈　建，朱　亮，陈慧元，石素玲，郑　扬，贾凤梅，杨海荣，田　赋，于大力，王华林，马永武，刘凤铜，韩津琳，张美琳，张春玲，闫占军，李　全，彭激夫，孙永新，黄，敏，顾宪红，李爱琴，朱联英，赵真梭，杨　芃，杨葆良，闫奎友，张传汉，付　燕，于继英，李莲芳，阮云斌，袁步清，张程碑，戴　铮，万志生，徐俊宝，黄　琼，戚　羽，徐百志，刘耿昭，冯英群，刘书杰，刘换龙，卜学芳，伏桂华，邢洪光，王晓玲，阚远征，徐福泉，严华详，张纪臣，王希斌，韦书瑞，沈　明，陈小华，张创贵，康臻钦，金　华，张远利，魏　渚，史夏彬，刘恩岐
	硕士生	徐桂云，杨子恒，张学贤，程金根，卢子荣，王立虎，杨承忠，马　跃，任发政，魏长湧，张洪军，刘　源，莫　放，王星凌，张正芬，戴雁峰，江金益，赵肖虎，张贵学，李增元，刘建华，牛志远，杨云贵，李晓荣
	博士生	计　成
1985	本科生	廖　峰，张世平，武淑芹，邹昕莹，柳东哲，张　威，苏吉锋，陈福水，魏博雄，朱顺国，汪胜华，陆　军，蔡　雨，刘幸航，郑崇昆，张　存，张旭东，傅继军，唐雅斌，李逢春，黄月红，林兆辉，元　林，肖　红，马克俭，赵向红，林顺全，刘爱叶，张玉国，孙淑珍，王忠贤，沈小平，艾和雅，王保利，黄少文，顾红华，余　清，周俊生，郑　键，陈忠林，王学文，张学斋，李跃武，胡金扬，李世晓，杨永祥，刘宪礼，李晓齐，郑明岳，宁中华，马立新，周宗迟，王全喜，吴月亮，卫庆霞，乔　绿，钟　明，云　华，张　漫，费立伟
	硕士生	李　宁，杨　宁，吴　瑞，文绍开，杨福林，胡贡林，马瑞江，顾　凭，郭永丽，庞　航，吴克亮，杨长锁，叶绍辉，宋金彩，刘增廷，李俊佑，吴毓群，于书琴，吴桂林，许万根，呙于明，

续表 7-1

年份	学生类别	学生姓名
1985	硕士生	毛华明，朱　捷，姒玉明，龚振明，仲跻峰，祁　永，丁　茂，富俊才，蔡　敬，崔洪涛，樊奋成，张秀萍，熊文中
	博士生	李瑞利，孟庆翔，锡　林
1986	本科生	李彤彤，邱红缨，朱　悦，王　丹，吴玉玲，李忠荣，陈云飞，陈惠卿，王楚瑞，周椿明，吴应刚，牛一兵，范安泽，陈鸿志，曲振吉，司建林，王月琴，夏广莉，薛　白，李红发，苑举光，王云升，武伍顺，马卫东，李培和，周军民，李　菁，洪琼花，柳泽春，郑立辉，朱丽华，朱小娟，敖　红，张　坚，周樟桂，石循柏，杨军静，冯　军，傅艳梅，宇文晖，王　荣，陈少方，沈水彬，储明星，焦向东，孙　玮，吴　雷，章　岩，范志勇，张在林，覃康平，张卫东，鲁　锐，张淑娟，刘　巍，王雅春，董四君，王维洪
	硕士生	赵先勉，夏海波，马月辉，张建中，李文梁，王云方，张胜利，郭万库，邵根伙，李德文，张庆才，李永刚，仝宝生，任　鹏，尤玉双，朱玉林，吕　峥，朱鹤言，程起方，苏长胜，孙洪仁，侯文才
	博士生	李印巩，拓文斌，莫　放，戴雁峰，魏长勇，唐伯林
1987	本科生	潘　勇，项　耘，胡奕军，张月娟，关振国，王忠生，张　慧，袁诂敏，胡华金，沈建辉，郝　捷，吴合江，陈益众，傅德顺，陈达木，马红兵，柳志林，梁明宣，范晓东，刘振强，王建轩，赵吉谦，刘洪波，郭东轩，刘茂林，林胜华，丁　松，杨洪平，青志轩，应　韵，屠　焰，徐　京，藏彦平，赵菊平，马　丹，蒋洪涛，曹明元，段学民，周伟良，胡明林，孙迎春，王淑英，马　林，包洪波，巫德强，王　青，石满仓，李　娟，刘国合，陈　斌，曾占宏，孟香兰，高卉民，黄志发，彭长清，黎国旭，邓凯东，曹清明，常志刚，贺燕昕，束　红，蔡　莉，路永强，韩光文，汪为林，兰　蓉，罗　军，高海河，李春生，熊立新，刘荣志，赵海东，牛海英，车培新，蔡　峰，田见辉，徐　宗，赵菊平，资　洋，曹明光，周伟良，王文君，胡斌清，张　红，马　林，杨　岱，袁志勇，王金勇，鲁　玮，陈光铃

续表 7-1

年份	学生类别	学生姓名
1987	硕士生	吴金龙，陈阮敬，王立贤，肖文细，刘钧贻，林晓波，付春江，张志博，岳彩平，齐伟伟，李克杰，马长城，林爱星
	博士生	杨　宁，呙于明，李爱科，许万根，张嘉保，韩建国，李增源，施振声
1988	本科生	涂院祥，王海兵，张　鲁，王学宝，王玉玲，曾福玲，韩　杰，张毓军，区毅平，杨立旺，邓少芳，王复兴，黄　锋，姚中军，孙　煜，张学善，李雪平，胡丰象，马　龙，邢宝来，刘志英，胡建青，刘沾强，张俊红，梁　周，陈永水，俞云涛，魏全意，何怀义，龚训贤，胡红军，马出宇，管　峻，苟克勉，江三英，林如泉，唐　静，周慧艳，刘俊发，刘学通，王波伟，马雪彦，王生耀，崔振宇，张美莉，聂德宝，孙方霖，周　影，程志平，杨寿清，杨绍坤，陈南凯，李俊英，王建国，成立新，那日苏，郭小波，萨仁娜，张玉柱，王海亭，满　晨，周晓燕，熊　炜，张思权，王　克，李寰旭，李乐桂，林才禄，鲜文强，钟建军，吴晓东，杨会平，董景宽，工振华，李　汇
	硕士生	张文生，王希斌，阚远征，季海峰，袁登安，杨秀文，乔富龙，赵雁青，索爱平，张守全，孙永新，姜儒鸿，刘文奇，李　芸，夏　荣，尚　毅
	博士生	李　宁，刘增延，邵根伙，毛华明，许民强，陈东宝，仲跻峰，姒玉明
1989	本科生	杨清林，吴　涛，王文忠，杨　辉，王显明，胡晓湘，罗宝京，赵凤茹，石　巍，李　延，路　光，邓学梅，宋云鹏，吴世林，谢仕荣，温勉刚，白长梅，杨　生，李艳玲，邱海滨，凌　波，张国龙，黄宜恩，于希江，鲁　琳，白永胜，贺高峰，丁德瑞，庞书健，马超贤，姚国平，郭建军，刘剑锋，吴义祥，刘新贤，刘永忠，王艳军，傅　利，王来锁，韩红宾，李绍周，罗生康，金　伟，肖　凡，王　新，吴家泉，赵益春，马　骏，钱　彦，张　丞，官永发，张家余，赵　勇，陆世焯，刘海君，孙铁虎，魏仲民，曲富春，薛南军
	硕士生	卫庆霞，常　春，王余平，李钟淑，刘春海，颜品勋，丁丽敏，谯仕彦，和丽魏，葛　翔，王忠贤，杨采堂，温虎成，董泰丽，

续表 7-1

年份	学生类别	学生姓名
1989		汪诗平，肖　红
	博士生	杨子恒，赵广永，曹文广
1990[b]	本科生	张忠延，陈遵送，张　威，徐　伟，朱邦芊，沈　达，李冬玲，施　箐，张　俊，黄英梓，张林金，龙　泷，吴春杰，周正龙，高世俊，黄河斋，张芨告，温　鹏，谢彦生，朱军典，任红梅，刘彩霓，董振波，赵漳溶，甘正在，吴嗣洁，曾一鸣，于会民，魏国庆，黄岳峰，邱绍林，薛丰刚，王震华，宋文富，况黎明，肖卫东，李玉欣，张桂梅，付淙林，陈桂春，刘光武，洪　龙，肖长艇，杨贵芝，姚吊峰，黄炳兰，刘文刚，白鹤立，洪　伟，蒲　琳，吉小昌，刘泽泉，刘成重，范　华，王　昊，张　俊，李　煜，曹永春，何　菁，徐来仁
	博士生	王立贤，吴　瑞，樊奋成，陈俊海，王加启，刘　林，周　虚
1991[c]	本科生	梅　群，孙　浩，王　菁，王　茜，顾子夏，卢　峥，静恩烜，蒋　琪，方桂友，张盛海，张　杰，项　涛，后迟橙，李庆青，陈都洪，周坚成，彭鹤燕，吴　震，杜存海，江更旺，李德安，申海涛，宗丛军，范学军，商　亮，杨人奇，韩　峰，邝贤斌，袁道权，李乐奎，苏爱国，王海彦，王浩文，傅国栋，邓永红，郭巨恩，杜光天武，景喜全，强海涛，刘富宏，张小娟，陈发明，李中波，刘广华，朱建峰，刘志渊，崔　胜，杨建鹏，王世博，蒋　缨，宋　丽，曾启富，董殿元，杨景满，余　翔，林　峻，潘文俊，邬成华，曹盛蕾，叶程敌
1992[d]	本科生	孙功武，张永芳，张　松，何凌云，陈怡真，郑麦青，卢　暹，耿如林，李　勇，涂荣秀，吴家旺，阎仲双，许美玲，陈一晖，谭家健，花　山，左　琴，常建彬，马秋刚，胡骁飞，关作为，陈立敏，王秀军，李　新，王　臣，汪小山，才立安，程晓东，王艳林，黄卫民，周德意，李晶兰，王洪燕，赵　嵘，陈玉军，王科文，危　华，滕海川，程　亮，许宏伟，寇占英，李　嘉，朱建华，陈　亮，牛志强，南丽娜，田福刚，张强胜，吕永革，宋其柱，毛国军，刘朝阳，孟　虹，孙先本，王家善，顾赛红，徐福华

注：b，未查到硕士生名单。
　　c，未查到硕士生和博士生名单。
　　d，未查到硕士生名单。

续表 7–1

年份	学生类别	学生姓名
1992	博士生	韩继福，柴巍中，李志伟，刘向阳，于仙忠，张富春，王凭青，宋九洲
1993[e]	专科生	范广顺，张培军，王有平，刘振香，李　伟，纪俊花，程湘梅，石耀东，于　军，韩秀丽，柳高峰，隋海玲，尹召青，吕立曼，宋维成，刘正强，张酶亮，刘　芳，张立华，徐新华，赵煜斌，陈建丽，黄翠峰，徐公弩，季进洲，远维国，韩　丽，张　伟，王守江，李文刚
	本科生	宁　宇，陈鹏志，李　菲，许红玲，王庆林，任立彤，华正春，曹永林，邹占曹，王　俐，拓守国，吴逸汉，李怀业，黄欠莹，刘会英，白红军，赵玉山，魏凤仙，李振强，李金龙，黄　聪，颜炳学，柯尊伟，李林平，李　莉，杨煜昆，周伟良，崔庆为，林英淑，宋庆义，李启鹏，杨春富，王青来，易德玮，敖志刚，李冰玲，梁　勇，范二丽，马永全，揣海威，单子轶，潘永茂，李健虎，毕忠臣，王世华，李　鹏，张宗伟，闫　磊，刘　永，刘洪涛，王玉珠，潘吉民，郭晓海，张志强，杜伟华，申安斌，赵小萍，李步社，孙　力，李海强，张洪敏，曹　挺，张文玉，苏英祥，王敬军，李成军，姜慧新
1994	本科生	蔡卫国，李　璞，史张彰，张文武，张有貌，刘文豪，马　虹，李文海，刘佳伟，石　雨，王　宇，苏本国，卞　强，郭宝海，高　山，程用斌，李长绿，张　莉，浒一平，王吉振，邢　壮，彭　隽，丘榕生，谢永刚，陈怡煌，王玉屏，周　燕，石永岳，黄成宇，周晓丽，肖训军，欧阳飞，吴四朝，王雅晶，周　霞，徐炜玲，宋仡琳，刘旭明，候贽鹏，霍应峰，杨富裕，池吉江，李　静，张伟方，施立成，李宏滨，祁中山，万孟明，闫文亮，刘东亮，林正红，孙柏顺，刘雁华，闵晓梅，刘　健，赵庆凯，邵庆勇，柯富荣，唐荣福，蒙文祥
	硕士生	王　军，李玉欣，何　菁，张　强，肖长艇，刘彩霓，于会民，祝梅香，徐来仁，陈国荣，刘　巍，徐　伟，凌　波，周双海，艾彩丽，毛培胜，左海涛，牛建中
	博士生	张建中，谯仕彦，管武太，杨彩霞，安永义，丁丽敏，王永胜，苟克勉，李　震，黄振勇，高彩霞，龚炎长，张胜利，赵兴波

注：e，未查到硕士生和博士生名单。

续表 7–1

年份	学生类别	学生姓名
1995	本科生	蒋家树，张邦龙，吴通义，丁志民，胡燕霞，王红松，陈　怀，杨廷臣，葛　锋，张崇薇，陈行杰，黄孝凯，曹季娥，肖　炜，刘雨坤，李经纬，尹用国，施立成，卜春亚，郑达化，谢实勇，朱毅梅，李　牧，李洁云，陆　伟，许华民，黄居同，蔡　想，孙　琰，白　鹏，张　微，杨　帆，谢周松，李　博，冯占雨，刘　勇，范小飞，王　铮，邢凤英，张玲娟，陈　敏，李　勋，何祥楷，班建荣，侯卓成，丁向东，徐明涛，许建海，赵　博，黎韦华，刘　军，许　琦，李茂郴，焦仁刚
	硕士生	李国华，胡晓湘，郭宝林，杨通广，王　菁，江更旺，项　涛，刘子冬，刘焕龙，邬成华，蒋　琪，邝贤斌，王海彦，宋锦峰，王显国，曹继华，潘文俊
	博士生	赵要风，戴茹娟，王瑞武，赵春江，王勇强，郑晓中，李福昌，吴　英，张国龙，赵昕红，乔清艳，汪尧春，司建林，刘小军，王红军，白可喻，马其东
1996	本科生	董夫才，马　强，林　平，白治西，李雪松，李俊才，高红彬，宋春云，毕向阳，林祥东，母其辉，黄存伟，徐建祥，宋启西，张德亮，王　艳，李玉彪，秦　鹏，刘　康，王冬艳，陈　路，曲艳华，刘壮军，武振锋，黄明立，衡泽俊，朱　妍，李　博，常　影，吴怀文，陈光成，党上东，梁秋裕，梁昌泰，游力亚，蒲　静，张　辉，郭君峰，贺仁义，肖　阔，周　崇，孙信全，黄忠平，姜午旗，刘　峰，张文强，武志俊，任继平，韦　勇，贾　巍，帕孜来提伊明，帕提嫚·卡吾力，阿克力·哈山，米哈丽古力·喀什，热依汗古丽，尔新马合木提·叶尔森，托哈提·肉孜，艾尔肯·艾海提，买热木尼沙·吾甫尔，阿布力来提·玉素甫，古丽江·卡肯玛旦，司马义江·吾布加合斯木，阿迪力江·阿不来提，司马义·玉苏甫，依力江·买买提，艾尼瓦尔·马那甫，阿里木，迪娜·帕克亚，阿依古丽·古尔加汗，布艾杰尔·乌布力，艾克巴尔·铁列提，祖丽菲亚·买买提，吐尔洪江·木沙，吐尔逊江·多来提，库尔班江·吐尔逊，艾比布拉·依米提，阿提卡木·吐尔地，阿依加玛丽，叶尔克，阿依姑再丽·买买提，民合买提·马合禾提，库尔班·阿不拉克，余艳阳

续表 7-1

年份	学生类别	学生姓名
1996	硕士生	蒋　辉，马秋刚，王　娜，易敢峰，晏点阳，寇占英，汤　芹，李艳玲，左　琴，陈　忱，邓学梅，张　松，李洪业，徐福华，吕廷伟，钱俊芝，李鸿祥，祝美俊
	博士生	李　梅，贺高峰，王宇琼，高颖新，刘巍，于希江，孙东晓，赵志辉，李和平，陈学进，李连方，苏德毕力格，韩雪松
1997	本科生	唐燕红，张志强，张　晶，许曾曾，周　岫，聂　森，张　肖，刘敬浩，金　方，王　怿，张　祯，周剑明，唐　照，程维云，李富贵，唐维新，张龙超，李永福，董德岩，魏春阳，邹银方，皮祖坤，杨　艳，石　璇，金基范，牛慧玲，赵正国，李　斌，乐利平，王春考，岳洪源，张　毅，鲍　宇，李　根，徐丹丹，杨　平，陆泉枝，杜小英，孟庆军，岳高峰，赵芳芳，张志清，骆雅萍，任　容，王　凯，何　宁，冯玉红，冯月超，刘　辉，石　卉，杨利平，李锡智，韩　鑫，王　栋，陈卫忠，叶洪春
	硕士生	徐国武，夏兆刚，唐　玲，刘升军，张　丞，李启鹏，郭巨恩，胡春华，刘会英，张　俊，李　燕，许　杰，王青来，黄贝莹，彭玉麟，王　海，杨　波，霍成军，潘进山
	博士生	石清河，周　勃，杨红建，张晋辉，王九峰，郑春田，房丽宁，毛培胜，戎郁萍，秦应和，张家新，王　菁，单雪松，郭万库，姜运良
1998	本科生	张　功，朱小汗，孔　莹，贺　鹏，景小芳，袁继春，汪元刚，赵丽丹，刘玉方，刘　伟，马　媚，王东凯，黄鸿威，陶　林，何高奇，王海英，张　平，杨冬伟，曹　斌，李禹超，张丽霞，王仁刚，王迎波，胡雅洁，唐　忠，潘　番，俞江峰，杨成和，黄晓萌，顾京晶，陈　卉，罗维真，王　勤，白　絮，王　宁，裴文娟，张　剑，郭彦斌，张宝路，金英杰，公维嘉，秦　岭，杨红远，易　涛，朱旭平，刘　杰，赵学明，闫龙凤，刘　淼，官银飞，柴礼岩，熊文国，王冬冬，刘晓婷，张进涛，李晓霞，曹荣亮，杨　强，倪智勇，赵卫红
	硕士生	周　霞，李长绿，高　山，刘雁华，杨　瑛，冯秀燕，杨人奇，张桂梅，宋国隆，赵君梅，肖训军，高　巍，邢　壮，权国波，蔡青和，石　雨，王吉振，李志强，杨富裕，赵泰容

续表 7-1

年份	学生类别	学生姓名
1998	博士生	胡晓湘，鲁绍雄，邓学梅，李国华，吴金龙，张永成，马永喜，杨立彬，王立虎，孟庆刚，吴中红
1999	本科生	朱　颜，李晓洁，王元佩，曹长仁，黄双全，陈明太，张国军，李秀伟，潘冬梅，邓程君，张建明，谢天保，晏　荣，毛春晓，魏曼琳，武永华，王　旖，张元庆，李　伟，陈思睿，马松成，梁　昭，董沙沙，韩晓峰，田　甜，刘　娜，颜　冰，叶　逊，冯文豪，邹　勤，古祥云，田　亮，李　佳，邵　勇，李崇磊，徐曙光，黄德仕，邓　磊，周学勤，张玉田，周湖平，陈小莺，赵　瑞，刘敏轩，薛　瑶，窦萌萌，陈英杰，赵金石，王亮亮，张　瑾，吕　刚，杨　涛，欧文霞，刘　倩，郝　帅，袁　雯，聂海生，郭鸣霏，梁海新，李芙燕，涂海涛，刘焕营，马秋丽，初　芹，褚大鹏，袁　野，吴桂琴，赵起超，赖景涛，李　宁，关　龙，罗　娟，陈若愚，迟　晖，张　辉，徐晶晶，舒　娟，杜　娟，张　超，赵慧娟，施奉英，邓　萍，范翌鹏，黄萌萌，郭　鹏，李　迎，符史径，陈　裕，王　辉，刘　凯，罗显彬
	硕士生	崔　胜，过　玮，肖　炜，邢凤英，丁向东，侯卓成，杨　波，吴通义，陈　敏，张德福，张伟芳，许云英，周良娟，李　武，张　微，闵晓梅，谢实勇，武玉波，李　静，陈行杰，曹季娥，温　鹏，刘玉杰，陈志红，王晓荣，刘雨坤
	博士生	马月辉，方美英，王爱华，王秀利，张　豪，李俊雅，孙飞舟，余文莉，李树静，代建国，席鹏彬，顾宪红，潘宝海，韩永伟，张蕴薇，霍成君
2000	本科生	周　雷，许　玲，潘雪涛，秦　黎，孙小龙，李冰颖，姚　琨，王　鹏，卢宏斌，潘　荣，吴媛媛，田　菲，范　琼，王忆南，康　迪，王　莹，韩蒙燕，张　北，姜　军，王　鹏，马海燕，孙　鸥，杨　欣，马小庆，周　林，刘　爽，胡辛怡，王秦川，宋　瑶，安建勇，季彦乔，张　萌，卢　昕，李文辉，孙志明，郭建峰，潘绪斌，张　坤，李亚君，张　耘，翟恒孝，高文龙，孙海霞，邓红坤，陈　芳，张　浩，许勇茜，张红霞，庞　冲，杨　君，孔庆斌，韦　召，苏青云，金　森，许珊珊，王保辉，朱小娟，周荣茂，李文馨，蔡　杰，杨　波，付　渊，潘　鑫，

续表7-1

年份	学生类别	学生姓名
2000	本科生	白景隆，刘　潇，刘　林，张路培，赵玉萍，李晓娟，王　波，冯　蕊，王　超，贺芳芳，魏吉安，黄源茂，周至臻，孙太松，林兰燕，王　华，钱　程，周　冲，龚方方，刘　军，梅　瑰，郭耀棋，成永平，陈大为，汪伟明，李　佳，林仁勇，官玉芳，王江德，龙克荣，吕佳琪，都　文，白春生，雷　霆，胡　进，彭　勇，熊厚亮，林　莉，陈　军，刘军鹏，黄江锋，杨其恩，李海龙，刘　强，翟丽维，蒋杏娟，郭望山，杨　莉，何　勇，刘　静，幸菊琴
	硕士生	陈慧勇，师科荣，蔡卫国，欧阳飞，李显耀，林　平，姚　平，宋春云，高红彬，周　崇，秦　鹏，郭宝海，施立成，王冬艳，任继平，王吉潭，欧　宇，赵遵阳，常　影，张华伟，陈　路，刘丽英，叶尔森，张玉枝，陈士勇，贾　巍，翟　维，肖　阔，康俊梅，刘贵河，孙　强，陈会敏，彭海兰，赵金梅，王成杰
	博士生	解启发，曹洪战，唐　辉，吴克亮，王　海，俞　英，张　俊，王　栋，刘会英，亓小红，杜志强，王凤来，宋国隆，陈　勇，黄沧海，丁玉华，刘玉兰，李振田，李玉欣，彭玉麟，夏兆刚，王福强，王丽娟，蔡青和，李志强，杨青川，王斌文
2001	本科生	刘　阳，孟丽丽，花建苑，马　妍，杨晓波，张永刚，梁　怡，郝丽霞，李全丰，钟　凯，巫观发，牛婧娟，温金磊，王　壮，蒋海军，武璀灿，王　婷，刘兴刚，李庆云，马孝斌，黄岳平，卢召彬，石文文，王虎平，李　峰，郑博文，马　宁，冯文博，王佐民，吴思逊，朱志宁，张　朋，师　鹏，李静婷，李　鹏，施文琴，王晓莹，郑　术，任文建，刘文晔，张　鑫，曹学刚，杨　丹，马丽娜，马小玲，马　可，张　鼐，沈浩彬，冯春刚，常　春，钟　岚，康　建，谢瑞仁，尚和方，马旭晨，刘　俊，陈振铭，蔡文贺，刘盛洁，王　苑，季　托，焦　鹏，郭晓峰，张　浩，黄丽慧，吴　铖，周　玄，舒显理，刘泉雨，张珠阳，李　玲，付乔颜，李旭春，邓　慧，马筱利，聂　闯，杨　芳，姚俊峰，张　良，唐韶青，王　帅，贾兆武，王　鑫，刘　波，白灵芝，黄　炎，朱红伟，郑艺芳，韩　颖，刘　薇，周家蓬，任　宇，李文君，贾　晋，吴远东，胡　罕，姜　莉，黄　琳，

续表 7-1

年份	学生类别	学生姓名
2001	本科生	桂新梅，潘能平，韩乃坚，徐灵美，汪　洋，唐代华，翟鹏生，李明新，邹珊珊，贾康乐，郭晓旭，常　静，张　哲，刘文博，李桂冠，戴继新，刘珍珍，陈传峰，王新国，李　昭，李好好，齐　晓，李曼莉，闫建峰，党卫玲，高　飞，王景波，王兴辉，周子巍，王连富，宋　涛，田佳倩，鲁相臣，单　战，张　云，李兴酉，舒全登，逯涛林，舒　彬，纪　辉，张海明，田子龙，周　敏，陆　伟，吴建冠，李定茂，胡智琳
	硕士生	孙冬岩，孙铁虎，毛晓峰，骆雅萍，李　斌，许曾曾，赵丽华，赵芳芳，王　铮，李延鹏，李永福，郭冬生，魏磊磊，张万刚，李丽红，岳洪源，司国利，毛成文，孙跃春，黄　顶，刘　帅，杨　艳，白春霞，李玉荣，唐维新，李咏红，陆泉枝，王晓凤，李文海，杨晓燕，白激荣，张龙超，姜午旗，王春考，阴层层，张　毅，刘　锐，金　方，侯云鹏，闫华敏，张镇福，樊哲炎，魏恒杰，陈南凯，宋桂敏，王金娥，万志生，赵旭庭，高玉时，童海兵，黄　萍，朱曲波，范首君，唐建安，张世华，欧秀琼，郭宗义
	博士生	王　慧，王　崑，过　玮，黄锡霞，李长绿，丁向东，徐如海，袁建霞，曲鲁江，李俊波，赖长华，李宝玉，姜建阳，尚秀国，王春林，苏有健，史彬林，吕　林，王志祥，梁福广，参木有，郭宝林，朱元招，张　微，成廷水，高　巍，刘　影，祁　永，马春晖，孙铁军，孙启忠，刘雨坤，刘忠宽，李存福
2002	本科生	刘好雨，岳　瑾，李　胤，张旭光，张新娴，陈晓波，刘　霖，王琳琳，窦志斌，史　磊，梁晓明，陈　恒，许淑飞，李　涛，鲍　辉，张　乾，王凯丰，任　翌，李娟娟，林高峰，黄钟宇，许鑫滢，晏　凯，王　宇，陈武灵，肖　敏，马金库，韩玉玮，朱　昆，孙　伟，胡建坤，翟亚超，刘　蕊，雷晓青，王薇薇，秦　昊，毕鹏程，连　玲，杨琳娜，马　莹，杨鸣洲，苏华维，薛　白，晏学飞，迮晓雷，陈书强，王明朝，李　蕾，高宏鼎，苏海林，漆春梅，曾祥芳，朱继军，王　强，郭海龙，丁希宏，盛谦益，陈　辽，阎桂玲，王　翯，王　雷，武　杰，姚宏清，曹　梦，提博宇，刘　派，张惠芳，東安新，范建瑜，林　淼，

续表 7-1

年份	学生类别	学生姓名
2002	本科生	邓才真，李　斌，马　腾，王俊玲，陈　瑶，张　军，林少辉，袁其娅，胡耀东，黄　鑫，董新星，姚　倩，李兆吉，康　静，尹　彤，王　思，郝　俊，潘　爽，陈　阳，黄　莺，邹兆云，王　维，刘　露，陈卢亮，陈是宇，于娇一，肖宛淅，刘凤珍，何八斤，向　熙，黄立皓，郭健飞，卢　鹏，郑建明，曹　轩，沐毓松，乔　楠，胡守方，乌　栋，曹　喆，汪子涵，杨晓华，张云峰，王慧颖，尚伟伟，倪东衍，董　文，秦春华，范仕苓，李红玲，陈晓楠，陈　雪，张红涛，牛晓艳
	硕士生	裴文娟，鲍海港，罗维真，张　剑，冯学明，王炳艳，公维嘉，孙书锋，李何君，李艳华，刘　伟，成文敏，刘　冰，蔺海朝，韩红兵，周光斌，姚　宁、赵学明，李洁云，汪祖荣，冯占雨，何　宁，王海英，董　娜，王　宁，王　涛，李元晓，张　辉，马　媚，姜成钢，唐燕红，张　功，于长青，杨成和，曹志军，贺　鸣，王　洋，黄鸿威，赵丽丹，姜　丽，李　鹏，王小山，任卫波，黄兴军，袁彬鸿，王在升，陶　林，刘克思，闫龙凤，刘洪波，于维丽，林建坤，张德新，孙　楼，王福强，刘建胜，张世卫，张善芝，徐衍胜，李伟跃，伏桂华，王恩玲，杨志强，阮明峰，杨久仙，宋吉宏，李传友，孟庆干，路永强，崔庆为，李新一，吕进英，刘凤英，李连缺，唐荣福，肖有恩
	博士生	魏泽辉，田兴华，荀　潇，张　浩，潘登科，颜炳学，田可川，刘剑锋，王存芳，殷宗俊，白俊艳，张纪刚，陈慧勇，李慧锋，姜润泽，武艳萍，李　军，张鹤亮，程志斌，陈行杰，张海军，宋志刚，耿爱莲，易中华，王纪亭，孔祥浩，贾存灵，张玉枝，那仁巴图，常　影，闫贵龙，王显国，孙　强，闫　敏，许庆方，于遵波，张　颖，王　赞，严学兵，王晓荣，王佺珍
2003	本科生	孙　琦，余　晴，牛　晔，李顺超，王慧宇，王安然，孙璐芳，王彦儒，刘佳男，殷　维，郝丽君，李一航，郭　杰，邓　亮，陈文雅，杨宇鹏，陈俊阳，杜晓文，由玉玺，罗书萌，杨再俊，李　珊，郭冰琳，英　伟，吕　茜，罗志伟，王晓秋，楚燕军，刘永军，孟　婷，王　磊，李　耕，郑　川，吴　迪，崔晶艳，董　菲，李鹏飞，刘　帅，关雪杨，刘树宇，张逦嘉，孙研研，

续表 7-1

年份	学生类别	学生姓名
2003	本科生	陈　意，周天翔，曹之廷，刘文峰，张　静，戴　辉，郭子健，蒋成心，黄　逆，李国军，张　伊，杨光宗，薛红艳，李竞前，李金彩，赵立军，卢　靖，高　欣，曹　锐，董雅萍，解　雪，罗捷思，史雯鹤，楚丽翠，季冬冬，陈　超，张丛伊，周　艺，王　剑，何晓芳，陈　铭，孙秋娟，张　磊，杨　勇，陈思然，徐瑜君，周　刊，沈其森，文锦涛，江　兰，乔小龙，秦　鹏，杜丽丽，高子剑，滑　荣，赵　欣，申雁滨，陈　燕，吕天昊，陶　莲，张艳萍，关天复，王瑛楠，廉佳杰，周翰舒，邸　超，孙建益，冀叶新，张　雷，黄　炜，王贺春，卢　翀，李　瑾，郭校民，李希茜，马鲁沂，陈　林，刘　懿，张　钊，赵　超，岳　晋，方　倩
	硕士生	李秀伟，董沙沙，吴桂琴，徐晶晶，袁　野，曹长仁，邵　勇，吕　刚，王芬露，赵世芳，陈留红，彭丹芳，李新海，闫长亮，郦汉杰，舒　娟，赵　瑞，初　芹，徐曙光，王　勤，刘敬浩，王哲鹏，李玉红，陈思睿，田　亮，胡　芳，关　龙，褚大鹏，滕晓红，杨中强，王志鹏，曹火军，范翌鹏，王　旖，苏俊兵，李富贵，薛　瑶，张淑枝，蒋红琴，张婵娟，陈昭辉，鉏晓艳，李尚坤，李习龙，张炳坤，邓　萍，李晓洁，张元庆，赵慧娟，聂　伟，胡雅洁，张国强，何文娟，李　昕，魏曼琳，邓　磊，赵金石，陈小莺，黄德仕，朱森阳，汪国和，胡新旭，吕松乔，田　甜，迟　晖，李　平，刘敏轩，王仁刚，何　梅，王生耀，张　贤，黄双全，林立军，晏　荣，邓程君
	博士生	师科荣，郑　华，李红伟，杨　军，何　峰，张　毅，徐　青，王希龙，邱小田，李玉华，王春考，郑江霞，罗平涛，李显耀，詹　凯，孔路军，王晓凤，史文清，田树军，侯云鹏，张华伟，袁书林，臧建军，冯自科，汤树生，郭小华，孙铁虎，贺永惠，王金荣，王　旭，宋春玲，孙占田，马秋刚，刘来亭，胡忠宏，杨小军，赵　剑，刘永祥，任建波，张春香，王润莲，李艳玲，董晓玲，赵芸君，徐志宏，杨　艳，石永红，刘贵河，张洪生，刘爱军，邵新庆，欧阳克蕙，黄　顶，杨富裕，赵金梅，姜　华，牛建忠，王成杰

续表 7-1

年份	学生类别	学生姓名
2004	本科生	陈锡和，郭亦城，洪 阳，王志欣，杨叶宁，吴伟宗，张 倩，李 东，徐晓鹤，郑 杰，王 宁，付国强，周 磊，黄 晶，缪姝瑒，刘 伟，谭文芳，赵英志，晋彭辉，李 严，卢 婷，程 如，王 思，黄洪均，鲁 宁，胡声迪，樊若溪，叶文青，阎 辉，马 桢，丁 清，张方锐，张 璐，代俊芳，邢 磊，柴贵宾，胡玉珍，张晓雷，王广旭，谭 振，黄汇慧，刘 丹，郑传威，孙恬妍昕，曹锦萍，陈志伟，朱文琳，宋玲，孙禹效，翟英丽，王 石，邓由飞，丁柯含，朱 翔，田静芳，李 冲，陈戈灵，胡 婷，李易安，薛鹏程，尚雅婧，刘 洋，马丽颖，张吉斌，那日苏，申跃宇，徐仙洲，刘 博，恽 雾，王华锋，夏建民，甘 冰，姚 远，夏 欢，秦 勍，梅 乐，曾 剑，文 青，罗朝阳，黄洪文，罗艳萍，孙 茜，陈 娜，祁永婷，石风华，吴 晨，韩 玥，徐 彦，靳 薇，申进军，梁 洁，陈轶群，金 鑫，孟祥坤，邓宏炜，韩晓雯，温从钦，贾若愚，陈志炫，王 顺，曹 鑫，尚彬如，赵卫芳，肖喜爱，陈洁茗，姜天团，符人源，邓小淋，肖 熠，杜素蕴，和雪莲，武 凯，吕福明，施怡婷，赵 璇，王全宝，张 帆，慕亚卿，姜鹏君，申 洋，袁克群，李迪昂，张在芳，魏 馨，李寅菲，袁 鹏，赵 帅，胡文忠，谭伊文，张 岩，李 静，潘玉兰，张露明，徐 轩，廖玲仪，诸锡莉，张 鹂，邵剑宇，刘爽爽，韩占颖，李 上，杨 倩，韩鹏飞，冯 晨
	硕士生	索 伦，胡辛怡，周 媛，陈 军，姜 军，张 鹏，王晓亮，何 勇，翟丽维，李美怡，刘雪江，刘成军，傅祥伟，贾丽玲，郭宏伟，孙 艺，白 瑜，房文宁，安 磊，赵海燕，毛斌峰，李海晶，孙绪磊，朱旭平，孙传禹，马承宝，李 佳，杨 君，梅 瑰，刘 林，田 菲，杨其恩，王小花，刘玉方，李 海，唐国粱，周刚刚，付 渊，李亚君，姚 琨，贺芳芳，吴媛媛，王文欢，刘 强，彭 勇，宋 遥，翟恒孝，孔庆斌，郭望山，王亮亮，闫利芳，辛杭书，赵恒波，吴振洲，周 艳，刘 明，郭翠华，徐 萍，关 舒，雷 蕾，李 菊，何丽霞，刘 凯，高振刚，陈春梅，王自蕊，薛秀萍，张英慧，刘 静，都 文，

续表 7–1

年份	学生类别	学生姓名
2004	硕士生	魏吉安，刘艳红，高　博，李　坤，孙小龙，白春生，白景隆，聂志东，乔建江，常书娟，陈双燕，薛艳林，陈鹏飞，杨颇霞，张铁军，李邦成，张　涛，张志明，李春艳，李明辉，李彦明，马卫东，张景琰，张斌国，凌　遥，王善成，杨文军，丁荣娥，王学文，白　磊，孙根成，马俊云，荀桂荣，李兴光，成建国，姜君桥，刘　群，胡晓丽，张德雨，张卫平，李天俊，崔卫华，郭丽鲜，张发成，张俊红，黄永汉，徐尚红
	博士生	侯卓成，张龙超，刘　伟，阴层层，刘　畅，李何君，张立凡，赵桂苹，刘　锐，张　剑，罗维真，鲍海港，张桂香，蔺海潮，韩红兵，成文敏，周光斌，郝泽东，王　忠，张　博，袁建敏，王海英，贺　喜，陈　萍，曹志军，唐茂妍，陈旭东，刘海英，于玲玲，岳春旺，李元晓，陈小玲，游金明，卢　萍，卢　媛，郭鹏飞，李启鹏，王　栋，丁　健，邓代君，李书英，刘桂霞，任卫波，王小山，许冬梅，王　雷，任秀珍，孙跃春，王　晶，郭旭生，王元素
2005	本科生	韩　旭，崔　凝，张　坤，魏　政，赵云艳，刘凤菊，吴　浩，许　可，赵　佳，贾　光，赵雪君，张馨月，吴　雯，周　彬，王　磊，林　挺，邓　凯，母锁淼，贾建辉，朱　滔，张　华，李　洁，汪武静，李玥霖，白萨茹拉，吕天晓，邵　葳，杨　珣，焦士会，杨　超，孟靖怡，张玖航，姚　晨，邢新建，张　强，吴　旻，李鸿飞，华晓洲，李兰兰，黄春喜，胡金卿，李少剑，杨　洁，王思聪，陈燕梅，刘　鹏，李　萱，魏　春，翁子青，吴　卉，沈　寅，连　超，林　皓，范思杰，魏　华，穆　钰，冯　鑫，田艳明，金　玲，刘亭婷，海　鹏，李凌岩，肖文晋，庄　涛，林　瀑，任　曼，陈江楠，张立冬，张文珍，高　旭，刘诗虹，林捷刊，梁明芳，熊　倩，刘　龙，陈红羽，雷元培，陈佳琦，祁苗苗，陈　程，阿明古丽·牙生，孙博阳，马　威，赵冬冬，寇　森，王　明，王　园，吴志美，刘　闯，王梓葳，王　倩，徐旨弘，王翔宇，李海靖，杨　岿，林　刚，王　丁，徐　程，田　祯，冯丽萍，杨　临，梁　缘，齐　楠，张红强，李　瑞，丁若珺，毛春春，黄　洁，叶尔保勒，李丽文，高　渊，

续表 7–1

年份	学生类别	学生姓名
2005	本科生	柴惊宇，徐　鑫，王学艳，梁俊毅，格　格，王宇通，陆　玥，黄倣瑞，邵　帅，李　佳，刘士瑶，范少先，陶露予，袁　源，戚琳璐，陈　真，戴　波，田靖阳，张　凤，涂　银，杨高文，袁　飞，郭燕云，库勒米拉·克兰拜，毛力提别克·玛斯胡提，阿斯哈尔·地尼木汗，李军涛，刘　轩，郑佳萌，靳若青，何　静，崔　迪，谢建磊，洪兴华
	硕士生	高　强，王　鑫，张伶燕，杜　丹，冯春刚，林　盈，高　宇，张　宇，李　想，王永彬，代惠洁，乔红光，马　妍，朱玉博，武　韩，任　倩，邓　慧，马孝斌，李学文，刘珍珍，安建勇，姚俊峰，仵　毅，高方方，周家蓬，卢　昕，王　婷，贾　晋，郭　刚，唐韶青，范启鹏，刘满清，王晓旭，王彦平，周同改，郭庆睿，李玉林，慕向东，张志尧，胡　琼，张晓波，焦　鹏，赵丽红，李桂明，马　鑫，涂吉华，欧　斌，杨　芳，李喆吉，陈　香，周　玄，董国强，纪　鹏，杨　欣，徐永锋，董　坤，万　荣，李桂冠，黄木家，姜　莉，李晓晶，岳隆耀，李庆云，周英欣，李桂霞，斯大勇，万　磊，刘泉雨，初蔚琳，孙江涛，齐　晓，李曼莉，黄双全，韩亮亮，李潇枫，赵秀芳，梁艳萍，党卫玲，邓　萍，沙　磊，单　战，孙娟娟，舒　彬，甄莉娜，向　强，王　芬，韩　华，刘　凯，张小红，肖　珊，杜孝龙，施春华，陈绍祜，孙　悦，施春华，陈绍祜，孙　悦，刘振君，王建新，吴家泉，张建荣，杜立国，郭士明，刘朝阳，孙汝江，焦仁刚，卢熙莎，袁　生，白　璐，陈建华，刘晓芳，曹贵东，岳勇伟，BUN SIDOEUN
	博士生	巩元芳，徐晶晶，舒　娟，侯娅丽，肖　炜，初　芹，李　梅，宋美玲，王　勤，李新海，刘桂芬，赵　瑞，刘胜军，陈思睿，吴桂琴，王晓通，张宝路，万鹏程，马文智，赵学明，闫长亮，邓兴照，乔家运，孙　鹏，展振峰，张津校，俞海峰，李晓洁，胡骁飞，黄贝莹，王　旖，张炳坤，程建波，闫晓刚，孙　涛，王　玲，孙亚波，薛红枫，赵金石，张元庆，朱年华，张国强，吴兴利，董永平，卢　辉，佟莉蓉，李　平，隋晓青，王红梅，王俊炜，王生耀，梁　燕，魏玉荣，张　贤

续表7-1

年份	学生类别	学生姓名
2006	本科生	李　想，王　谦，赵晓钰，孙立红，王立华，王彩霞，郝睿杰，李　腾，高英男，陈　颖，夏世玉，郑梦奇，韩　凯，卢永芳，蒋纪才，刘　文，刁　朔，陶　俐，陈晓平，方　园，蒋瑞乔，丁露雨，韦艺媛，杨亚晋，詹靖玺，官　沛，曹　琼，乌达巴拉，陈　静，贾　丹，薛建飞，路　茜，秦欢蕾，张建旸，耿　江，段宏超，刘莉莉，范　彧，张文博，郑天威，宗宁远，林昌俊，李　强，郭良勇，周伟华，赵龙妹，易国强，范子娟，覃春富，向莉莎，杨晓荣，赵术帆，贾　静，朱万斌，李　卉，金　凯，马　佳，张　旭，高玉青，黄志敏，王泰极，王谷安，赵　颖，胡　雪，于渤洋，李　明，沈君叶，聂竞舟，邓奕妮，黄敏华，黄　洁，丁　艳，彭　杰，罗　润，李　航，高　潮，吴佳玲，吴配全，左卫东，孙　媛，孙　乐，木拉提·米尼尔，苏　珊，周　善，付　娆，于尚誉，刘俊丽，郭继尧，文　佳，辛　毅，潘治中，李昕妍，逯云佳，徐剑峰，叶懿程，应瑜光，欧阳梦雪，谭　琨，霍云龙，付未轩，王　波，温振超，何淑芝，周　佳，李竞一，李　立，杨永林，李　托，李笑樱，巨婷婷，苗　旭，张书宁，王艺萌，刘一凝，熊　雪，董　波，李　根，岳　雪，海丽斯，杨晨晨，李恩杰，杨　威，顾敏霞，陈晓露，叶峻峰，许　啸，张晓媛，刘　贺，陈鹏帆，谢　越，陈俊翰，彭岚清，韩　蕊，益西多杰，次卓嘎，黎俊逸，徐立俊，张　圣，左宸龙，蒋小强，霍菁菁
	硕士生	刘　潇，孙海霞，秦　昊，马喜山，徐　丽，廉　嵩，邹　炜，薛振华，史建民，麻　慧，吴治晴，褚瑰燕，高红梅，张承华，姜　力，王俊玲，于　波，原　辉，李　新，刘文博，蒋　斌，连　玲，蒋晓哲，刘　燊，陈　恒，漆春梅，张　哲，付言峰，杨鸣洲，程　曦，曹　梦，任　康，李　欣，苏华维，姬真真，尚长江，党华龙，欧观华，朱荣华，温金磊，李建慧，白秀梅，王　宁，秦　枫，刘书广，黄承飞，雷晓青，张红涛，郑博文，董银喜，胡建坤，朱　虹，孟　慧，张桂杰，林　淼，梁　怡，马广川，付乔颜，陈　瑶，刘　派，王　雷，王薇薇，曾祥芳，尼健君，阎桂玲，刘开健，郭耀棋，梁晓明，毕晓华，汪春泉，

续表 7-1

年份	学生类别	学生姓名
2006	硕士生	孙　伟，刘　霖，杨　宁，桂金山，汪子涵，陈是宇，王玉红，王新国，刘　昊，曹　喆，武瑞鑫，张芸芸，石彬入，叶上游，潘　爽，王景波，陈卢亮，李好好，王　海，曹文娟，陈　莹，何八斤，惠　雪，刘　芳，陈　微，卢真真，毕忠臣，陈达木，董仕民，高学志，胡军勤，金永才，李经纬，李文军，刘明泽，刘群辉，马红兵，石红章，孙　华，吴春滨，俞云涛，张恩先，张志轩，禚　梅，OLAFEMI HERMANN DAVE BRAHI，GARY CHIEH CHUN CHIANG
	博士生	马育芳，李　海，李　佳，刘晓牧，房文宁，孙传禹，于　艳，翟丽维，邵勇钢，姚玉昌，王晓亮，杨秀荣，崔茂盛，杨　凌，安　磊，赵福平，王志鹏，梅　瑰，刘　林，陈　军，欧江涛，刘玉方，傅祥伟，索　伦，阿布力孜·吾斯曼，张立彬，刘　丹，安胜英，胡新旭，关　舒，郭翠华，贾文彬，朱正鹏，郝　月，李凤娜，彭　勇，余　雄，刘　辉，郭望山，辛杭书，杜晋平，易学武，张　波，王爱娜，谢建华，都　文，李亚君，刘敏轩，聂志东，张铁军，林立军，郑淑华，冯雨峰，米　佳，孙小玲，KITTIPORN HONGTRAKUL
2007	本科生	刘亚鸥，孙闯超，李　蕊，邵文静，张　华，王　菲，贾　如，王　斌，包　曼，吴　迪，孙龙飞，吕俊楠，李慧君，俞海清，王园园，戴珊如，陈宗晶，张梦泽，张志谋，马琦媛，王自清，邓忠恩，肖　丽，米　艺，崔　蓉，周　峰，张　航，李雪娇，王　鹏，陈　晨，黄文宇，刘　佳，洪　淼，王岩岫，刘　洋，许　洋，钱江翼，郭黎宁，李特立，刘秀婷，张　军，潘敦菲，张世海，梁　迪，姜美华，王丽平，温贤将，黄美玲，陈之华，王　茜，钟良鹏，屈云龙，邓　晫，何　萌，东　天，郭　越，魏　琪，王静男，刘经经，王　雄，马珊珊，孙　彤，周　桐，刘　畅，聂尊阳，邵　与，李　琳，陈敏惠，林元生，刘延岩，徐硕烁，李　娜，韩　博，丁志坚，胡一鸣，唐辉凤，刘中英，刘旭辉，殷莉娟，朱　瑞，李　瑞，曹　正，周　洵，郭　阳，杨　焱，陈　冉，陈志远，陈美玲，卢晓楠，张　旭，屈　欢，顾成陆，丁　琳，徐婷婷，李荣妮，李树然，刘　萍，王安民，

续表 7–1

年份	学生类别	学生姓名
2007	本科生	王晓庆，韦彬彬，龙海霞，周　宵，张峰瑞，刘　蕤，封　云，魏子晗，裘　燕，赵雪莹，李瀚林，张静怡，郑润东，谷光璞，闫　晶，武云仙，马文旭，邵　丹，王　硕，张濯非，杜萌萌，邓　阳，徐　桥，陈家一郎，李　颖，王绍飞，朱玲玲，李梦璐，马嘉晨，栗锐志，牛牧田，和思淼，王伟光，敖日罕，蔡　婷，付娟娟
	硕士生	魏　霞，盖　昊，刘月平，王桂英，邓　亮，张　晓，于　坤，田秀芝，王　梁，牟进菲，刘敬寿，张雅琼，秦春华，王晓英，苗　凯，胡　鹏，杜东升，王　婷，迮晓雷，王秋娟，王　刚，孙研研，何阳花，张　静，王宪龙，胡耀东，高宏鼎，韩文朋，熊　聃，方　迟，程　甲，裴　燕，王　亮，张志远，王　凤，李一航，程　栋，孙　岩，顾立伟，英　伟，孙秋娟，张天国，宋　弋，弓　琴，陈文雅，曲利华，张　瑜，张永升，王晓秋，陈　芳，郑　川，金　鑫，杨再俊，陈　林，徐　鑫，岳度兵，闫乐艳，李洪根，戴　辉，周　波，郭晓旭，陈俊阳，申雁滨，高　欣，楚丽翠，任　飞，杨建松，李鹏飞，郭立永，海　涵，方　倩，万振环，杨　芳，韩　冰，滑　荣，咸育龙，王　欣，丁希宏，金艳华，王晓亚，李希茜，游永亮，廉佳杰，黄　莺，赵　宁，李品红，邸　超，杨晓华，魏小星，王　瑾，林　立，陶　莲，韩立英，周翰舒，李　健，马鲁沂，郝　俊，王永杰，王海浪，李松瑜，杨　伟，李玉清，李金成，王玉珠，张亚君，曾　浩，刘爱巧，张占武，霍应峰，刘兆平，王俊峰，罗新双，刘永玉，李　伟，朱　强，张　辉，王恩涛，李凤程
	博士生	姚俊峰，安建勇，李红霞，范启鹏，依明・苏来曼，刘　刚，刘武艺，李玉林，郭　刚，唐韶青，公维嘉，罗艳茹，卢　昕，周家蓬，任　倩，张清靖，王彦平，唐大伟，仵　毅，冯春刚，张　宇，于淼瑛，毛湘冰，岳隆耀，刘　岭，陈　香，岳　涛，方洛云，李　牧，薛　丰，万　荣，张　勇，王　强，龙芳羽，焦　鹏，杨　欣，李桂冠，刘宝生，马松成，马　慧，王立斌，王　芬，许岳飞，刘洪来，赵　娜，张瑞忠，李曼莉，KIM JONG GUK

续表 7-1

年份	学生类别	学生姓名
2008	本科生	常　卓，张　超，赵　丹，辛伯昭，刘晨曦，张歆阳，徐艾诗，田祥宇，施君萍，吕鲲鹏，杨　欣，涂金敏，陆　萌，王　伟，何　阳，张海涵，许　玲，肖日考，唐大智，孙雅望，肖鉴鑫，戢　航，马宏伟，邹　奇，丁汝佳，麦热耶木.艾散，曹梦昳，陈秉越，曲　迪，韩圣飞，袁文燕，赵　琳，尹达菲，郑　越，王美乔，牛志鹏，黄　菊，杜文龙，王　菲，王建梅，秦文向，凌　晨，和立文，刘宗沛，马正昕，付　星，宋怡乐，张君映，李永斌，卡旦尔·乃吉木丁，于　菲，石洋洋，张　津，宋　扬，刘泽群，王婷婷，谢　明，黄梦钺，陈晓毅，彭　玮，高维敏，何　源，黄树森，杨声任，秦　锐，宋培霞，段国香，那金江，张济岩，张　凡，黄国午，陈曦钊，买买提·卡斯木，王树满，倘悦晗，马改彦，曹　珺，冯天祺，齐思锦，邵大富，赵泽平，王天航，陈婧舒，俞天宁，唐　署，杨凤娟，张　帅，李娜娜，张　翼，刘会杰，罗朝晖，罗丽娜，王丽莎，龙红芡，饶盛达，杨再庆，薛振华，蒋　涛，何毅杰，阿卜杜如苏力·阿卜力米提，杨天雨，王　潮，张佳雯，樊青丽，柳　琦，汪　涛，杜　娟，宋晓云，于子桐，崔　健，吴雅娜，方　圆，闫慧芳，叶　凯，别传景，石茂玲，杨　平，王　欢，范一凡，土　旦，邴一可，程琼仪，王　坤，张　倩，钟梦莹，代文婷，王婉婷，田　辉，葛晓丹
	硕士生	王玳玮，杨　柳，靳　薇，阎　辉，陈　晓，杜金苓，张　璐，高　超，曾　丹，郑传威，曹　杰，谢　岩，宋　玲，于　勇，王冰源，王　超，李京励，姜天团，郑　杰，李　东，周　磊，张吉斌，刘真真，李宝玉，郭秀英，孙菡聪，张　伟，陈志炫，蔡　霞，王晓铄，马裴裴，武　玥，刘振兴，时晓明，冯利霞，范学华，贾先波，赖慧颖，杜　明，庄　宏，陈轶群，符人源，张玉伟，屈小丹，薛鹏程，宁　冬，赵冬琴，张　敏，刘　鹏，范仕苓，李建云，柴贵宾，林　燕，张海燕，吴伟宗，夏建民，张　倩，胡　婷，靳晓霞，许　旭，石风华，邓由飞，申跃宇，张　茜，卢　婷，朱立鑫，鲁　宁，解祥学，代俊芳，夏　欢，杨　景，韩鹏飞，周淑亮，尚彬如，周小娟，尚雅婧，王玉培，

续表 7-1

年份	学生类别	学生姓名
2008	硕士生	李　冲，包布和，张　鹂，阚海明，刘爽爽，阴佳鸿，孔令琪，李春燕，张　钊，杨　燕，孙雅源，刘爱红，窦　潇，陈　超，徐　倩，张露明，王　莹，李　静，刘　楠，徐　轩，于晓丹，魏小兰，谭伊文，孟祥坤，李易安，孙亚男，郭　霏，裴杨莉，提博宇，余占桥，高晓昇，杨方喜，图　雅，宋　庄，石满仓，薛　明，梁海军，李佑斌，陈福水，李玉凡，王　军，金　伟，黄智敏，谢永刚，栾汝朋，岳高峰，陈晓楠，杨艳华，陈春江，韩冬云，张　鑫，李竞前，杜晓文，张立建，陈　辽，孙　芳，王慧颖，赵凤茹，杨　坤，崔　敏，陈　智，白云华，姚巧粉，张金龙，胡　馨，左海静，陈庆忠
	博士生	麻　慧，方　铭，朱玉博，贾振伟，付言峰，黄金明，于　波，原　辉，王哲鹏，连　玲，刘文博，李洁云，鲍忠剑，姜　力，张　哲，李建斌，刘文娇，狄　江，曹　梦，吴国权，李俊杰，陈　文，李建慧，易　丹，阎桂玲，赵丽红，白秀梅，秦　枫，周佳萍，胡　琴，张荣飞，张继泽，黄承飞，苏华维，郑博文，石彩霞，林　淼，张桂杰，曾祥芳，周良娟，袁保京，郭耀棋，孙　伟，晏　荣，张美艳，徐敏云，李雪枫，常书娟，姜　超，王　康，GARY CHIEH CHUN CHIANG，SIDOEUN BUN，ABDULHAKIM.H.M OMAR
2009	本科生	门洪凯，杨　辉，麻雅娇，牛争争，崔　巍，张　越，余金阳，朱歆彤，孟希贤，翟云龙，李　乐，蔡　婧，王潇潇，刘恩宏，张书源，李　彧，张程程，黄立果，胡玉梅，钟利军，李书蓉，丁元辉，王　浩，阿卜杜克热木·阿卜来提，刘　璐，曹子淳，冯晓恬，刘轶雪，班娅婧，段　伟，刘澳星，焦文捷，张俊妍，岳剑雨，张榕明，刘　玫，王　琼，杨仕琦，邵东东，周乐霓，陈雪妮，刘　超，杨　林，严　伟，王　轲，梁　理，石晋宇，王振中，阿依努尔·卡哈尔，李祥翔，康诗梦，石　纯，王金环，刘晓宇，刘若岩，梁文姝，单丹丹，杨雯涵，王晨光，华　松，张子淇，耿磊落，熊喜落，张　言，何　龙，杜甘露，彭　倩，谭露霖，张有文，陈　剑，何贝贝，塔曼达，张晓蕊，郭雷辰，宋　凯，梁若冰，王宇超，康逍桐，杜艳芳，赵禹臣，韩雪娇，

续表 7-1

年份	学生类别	学生姓名
2009	本科生	钱梦樱，陈嘉伟，葛绍标，蓝丽红，刘 璇，朱进龙，朱宽峰，王国庆，张 强，罗 璇，赵寅森，卢 媛，刘宝龙，吴晶晶，阿依加玛丽·衣其坎旦，关应楠，辛 苗，冯子蓉，金 虹，黄雅净，吴亚楠，王晓旭，柯曦明，于 迪，孙元元，张邵君，温鸿鸣，王泰巍，张朋超，张 衎，李 源，喻洪阳，王 馨，杨真川，李文盛，王志学，姚 尧，韩邑平，田耀耀，平亦雯，肖 丹
	硕士生	张 瑞，杨 祖，尼桂琰，白 莹，杨云周，田明明，张 翔，肖文晋，王 蓓，徐 静，刘 龙，彭宗桃，魏 华，孙红艳，吴晓平，齐 超，高 帅，赵海超，陈文成，杨 璐，邢 凯，刘 轩，焦士会，王 明，孙从佼，朱晓亮，陈燕梅，路 悦，杨 洁，张玖航，赵 栓，刘志成，周 彬，翁子青，赵红梅，杨 超，高伟会，徐海岳，王 志，袁佃帅，梁 莹，贾宝瑜，冯丽萍，崔 栩，邢新建，崔京京，刘 涛，任 平，刘凤菊，土 磊，邬 婧，刘荣园，雷元培，董 爽，贾 光，任清长，左 磊，朱 滔，韩 睿，张 艳，曾 银，王 园，葛素云，刘文彬，吴 浩，魏 政，江 兰，黄 洁，王 丁，曾志凯，任 曼，陈红羽，崔振亮，姚 维，刘 闯，薄玉琨，王雯熙，吕文涛，黄春喜，吴 卉，李军涛，邓 凯，傅 钰，李 琴，赵 佳，冯 鑫，李 兵，霍小东，庞莹莹，迟晓雪，范少先，朱振磊，于晓娜，朱 萍，原 烨，张永娟，丁 宁，许文博，柳青慕，臧艳运，郭艳萍，顾雪莹，石 丹，杜 菲，李丽群，杨 芳，施 琼，梁明芳，陈佳琦，徐旨弘，宋忠峰，熊 宽，张 坤，李凌岩，汪 锋，穆 钰，袁 飞，马 威，刘 君，赵 昂，樊利军，王裕梅，陈 程，王思聪，董 永，夏 威，高秋红，关 嵬，胡麦顺，李建强，李林松，刘红梅，徐 洁，许建海，杨怀伟，杨 升，杨世平，杨忠亮，于晓丽，张红星，张进涛，张明磊，张盛南，张淑娇，张效生，赵志国，周天野
	博士生	廉 嵩，于金成，范翌鹏，庞云渭，陈少康，董新星，李东锋，墨锋涛，王继英，王重龙，何阳花，王 曦，岳明星，王永伟，陈 鹏，薛凌峰，尼健君，胡志勇，魏曼琳，蔡传江，王 锐，

续表 7-1

年份	学生类别	学生姓名
2009	博士生	郭　亮，马青山，白春生，甄莉娜，王丽学，何　峰，贾蕴琪，高宏鼎，王桂英，韩文朋，于　坤，王　亮，王宪龙，邓　亮，苗　凯，陈　芳，李鹏飞，楚丽翠，孙秋娟，韩　冰，高　欣，丁希宏，周　波，金　鑫，闫乐艳，周翰舒，陶　莲，张　莹，彭俊飞，李　耕，牛晓艳，王翔宇，林　刚，刘　昆，王宇通，杨高文，MD.ABDUL ALIM，ABDELFATAH RASHAD ROSHDY HEMDAN，MOHAMMOD ABDUL HAMID
2010	本科生	刘佳楠，李晓晨，田　纪，韩苗苗，包　愈，李　岩，马佳莹，丁悦森，刘姝丽，罗少凡，张　迎，陈　晶，胡　聪，王　丹，王丽杰，刘　卓，李林森，黄亚阳，黄馨慧，黎贞霞，秦永孝，陈彦宏，冯　文，周同新，李　煜，阿伊谢姆古丽·艾尼，姬琳堡，肖　玚，王诗萌，毕慧娟，邢鹤馨，韩　毅，姚天宇，孙　韬，赵　玲，杨天任，聂车畅，尹晓楠，司马琳珊，梁艺洵，刘强林，余晨姿，游雪梅，易文英，唐于寒，路　甜，程　文，热娜古丽·艾麦尔，王　珏，蓝天维，刘璐璐，杨　青，池佳恩，郭昱含，袁毓蔚，杨旭凯，袁桃林，吴　舟，刘翔飞，于中政，隋雯丽，李　想，许涵宇，刘琅青，曹　露，郭　雨，林　露，王　菲，张　昊，哈力木拉提·阿不力米提，王　馨，尹博坤，边蓓蕾，许国进，范沛昕，于藏游，王　龙，张敬旸，包显颖，江昱明，尹鑫药，李婷婷，董元洋，鄢新义，刘　灵，梁伟俊，吴　桐，颜　桥，罗燕红，刘骏鸿，李　姗，韩　枫，张　洁，阿迪力·阿卜杜力，刘尧君，史亚楠，杨　蒙，任　逸，赵雅晴，赵典典，孙　杰，孙开济，付　瑶，王岱涵，史经昂，徐　炜，任晓璇，李鹏飞，张云婷，万　快，刘　欣，魏雨其，郑鸿丹，李宛姝，王立萍，王思然，麦麦提艾力·麦木提敏
	硕士生	葛雅琼，杨小林，马云龙，杨万杰，杨　珣，苏晓倩，张振赫，王克君，张　弋，卓志勇，魏巨龙，刘　建，白玉甜，赵妤娟，李　聪，崔晓钢，聂竞舟，王志龙，向莉莎，郭良勇，张　岩，郭翔羽，邵　凡，段金琳，李竞一，史利华，樊世杰，易国强，樊艳凤，沈君叶，方　园，荀文钰，李秀金，付未轩，卢永芳，沈志娜，向　海，郑天威，程柯仁，宋　沙，裴红蕾，张文珍，

续表 7-1

年份	学生类别	学生姓名
2010	硕士生	陈　东，邓奕妮，郭双双，蒋纯卫，黑文静，李笑樱，范　彧，付国强，纪　颖，黄　强，于渤洋，胡声迪，郝睿杰，孙玉丽，王朕朕，秦欢蕾，张志虎，唐受文，赵丽萍，吴配全，陈　静，韩　旭，武树丹，黄志敏，张心壮，李　洁，王泰极，王　莹，白萨茹拉，沈莎莎，巨婷婷，王　波，蔡思佳，杨亚晋，赵龙妹，李瑞丽，马桂玲，赵术帆，王满红，任婉丽，杨世超，李　园，梁　虹，赵　利，陈　龙，张晓媛，赵　敏，邵光武，马巧利，刘士瑶，张玉娟，郑　浩，田吉鹏，张宝艺，冀　旋，谢　越，陈文青，成凯凯，高伟平，熊　雪，丁露雨，何淑芝，李昌武，李　航，夏传齐，王立华，韩　凯，刁小南，王小超，蒋纪才，贾慧娜，霍云龙，王消消，赵晓钰，于巧娟，谭　琨，季　涛，刘莉莉，黄文波，贾　静，马　佳，韦艺媛，闵芝智，田　祯，谭禄彬，王昌虹，靳若青，马晓杰，仲　亮，刘　蒙，王　珊，王昕洵，沈　月，黄欣颖，庞帝琼，许赞焕，田永路，杨　超，赵宏亮，田梦香，徐　玲，盛谦益，赵　青，马　恺，李致立，金恩英，闫仲双，肖　凡，孙连证，李业明，陶　著，毛利平，张晓林，赵志华，余　东，陈弟刚，张满义，郭　敏，胡红军，杨　帆，孙智勇，赵　康，张天荣
	博士生	白立景，翟钦辉，邓守龙，廖　冰，王　鹏，隋琳琳，鲁云风，康晓龙，李庆岗，李　新，许金根，于光辉，周艳华，施寿荣，彭运智，高春起，接永泽，张桂凤，邹　杨，徐晓锋，郭勇庆，陈　勇，孟　杰，方　雷，张宏宇，谢春元，张　江，刘　宏，陈东东，张文娟，李俊霞，王　庆，董瑞兰，张晓庆，张亚军，王晓亚，单华佳，孔令琪，阚海明，陈　超，刘　楠，陈　晓，郑传威，谢　岩，王　超，王晓铄，马裴裴，刘振兴，贾先波，杜　明，陈轶群，张玉伟，宁　冬，王晓秋，石风华，解祥学，余占桥，EL MOUJAHID EL MOSTAFA，周传丽，曾　艳，李光奇
2011	本科生	王　芨，王锦泉，刘超然，乔　婕，于　洋，朱　力，张晓雨，吴文郁，孙佳伟，张　博，文超良，杨季凡，艾克拜尔·卡迪尔，徐　伟，韩　萌，明东旭，张利斌，曹明月，郝科比，王立群，

续表7-1

年份	学生类别	学生姓名
2011	本科生	李璟辉，杨湛澄，黄　硕，林敦日，黎草木子，修　朋，刘　畅，陈　堃，罗　伟，陆凤娇，胡丽蓉，谭亚妮，杨亚运，赵丝羽，顾丽薇，崔正伟，乔国艳，阿孜古丽·买买提，刘晨旭，徐志远，张　楠，李文博，丁婉莹，徐晟曦，赖梦婷，来文晴，李　悟，李兴华，温小钰，李亚杰，刘　力，朱　旭，马浩嘉，张　卉，张云常，李明亭，孔　玉，夏海剑，高小雅，刘志伟，曲文青，窦贻默，薛欣合，姚思名，周　涛，王斐然，邱晟煌，杨　旭，周云龙，马　磊，方　茜，张统雨，翁昕钰，陈宋杰，周智旋，任昱衡，刘媛媛，杨钦兰，白雪纯，李珮婷，乌斯曼·克来木，杜昊轩，张志诚，李婷婷，江艺莹，隋　沅，胡朝阳，薛戈强，夏　田，俞美英，黄　丹，吴昀晟，洪　冰，李林娟，王媛媛，陈雨露，雷　茌，冯成希，毛春力，李褚喆，刘　温，李金栋，刘心童，吾金措姆，田海燕
	硕士生	王　胜，陈　洁，张锁宇，段洪云，刘　旸，汪　海，李文婷，何长久，王海飞，包　曼，杨　明，张代喜，东　天，王　玚，王　鹏，陈敏惠，屈云龙，张　旭，李荣妮，何　尧，张传苹，段忠意，王　鹏，韩　博，刘　超，喻光敏，张　博，王文文，何　桑，李　强，戴珊如，尹　涛，贾功雪，程金妹，薛志杰，郝　丹，吕俊楠，杨　萌，王钰飞，白莉莉，雷　廷，杜恩存，邹婷婷，贾　如，王风利，陈　颖，刘　洋，史海涛，裘　燕，刘绪同，常彦飞，王昌杰，王思宇，王　菲，曹　琼，裔家庆，张　强，张峰瑞，李德勇，朱玉华，李晓敏，王　斌，张智慧，蔡　虹，张　华，姜美华，梁恒之，魏玉梅，段启武，付文娟，郑召君，段春辉，乌达巴拉其其格，李　萍，龙海霞，郑文思，张　锐，周冀琼，周红丽，周　鑫，王明亚，李　颖，王忠美，曹　影，江佳琳，罗丽朦，吴菲菲，谷光璞，邓海军，张　庆，项　敏，许瑞轩，李洪超，陈俊翰，张媛媛，王丽平，刘　鹏，刘中英，徐硕烁，张熙悦，徐芹芹，李　泽，温贤将，孙玉玲，郝文博，时　梦，陈彦廷，付　瑶，张　鲁，王文锋，潘敦菲，矫丽娟，刘学良，王自清，李雪娇，李成凤，宋文培，刘　萍，毕晓君，肖　丽，范子娟，刘　蕤，李　娜，秦宇辉，文　亚，

续表 7-1

年份	学生类别	学生姓名
2011	硕士生	刘燕荣，王　晓，邵玉新，聂尊阳，杨玉增，刘旭辉，房灵昭，牛文静，张胜泉，宋泽和，周　可，冯晋芳，朱玲玲，刘　琳，黄晓潇，郭建鑫，宁亚明，林建海，刘斯佳，李梦璐，满　航，高娟梅，李章裔，孔令凤，高明师，王　铂，曹建新，王长涛，娄倩倩，黄伟刚，孟凡伟，刘俊发，王欣平，兰露莎，周春元，李培龙，陈俊锋，金苗苗，付　丽，郭忠贵，李伟东，司建新，李文晖，王帅钦，朱玉娟，焦占海，赵　攀，王忠强，李新波，JARGALSAIKHAN ZOLZAYA，HESHAM YOUSSEF AWAD DARWISH
	博士生	刘莎莎，谢开云，崔　凯，呼　锐，白　海，汪　锋，曾维斌，夏　威，樊自尧，王红芳，杨云周，班冬梅，孙从佼，高　晖，杨　洁，陈晓勇，房　义，王春芳，李凌岩，谭建庄，赵　旭，李　艳，李全丰，田雨佳，黄文明，赵天章，左兆云，丁耿芝，李　平，王庆伟，刘德稳，王薇薇，刘　闯，廖秀冬，蔡　军，张婷婷，张文旭，李　源，秦立刚，王建勋，张文军，孙娟娟，韩立英，高凤芹，杨　祖，刘　龙，吴晓平，高　帅，邢　凯，白　莹，路　悦，赵　栓，刘　轩，贾宝瑜，雷元培，王　园，吴　浩，任　曼，崔振亮，任清长，李军涛，TAHIR USMAN，BRAHI OLAFEMI HERMANN DAVE，张世海
2012	本科生	栾　奕，陆梓妍，沈　汉，马一畅，李美玲，石　磊，刁晨光，龙沈飞，邵平平，甄文瑞，叶倩红，贾　滢，刘　帅，付雨潇，刘　睿，刘　丹，覃苏迪，黎丽霞，刘舜齐，丁　曦，李　静，韦雪妍，周　婕，朱肖飞，宋雅莉，邱文卿，蒋瑞祥，刘淑静，左　斌，王　璐，邬雅蓉，付子琳，陈希悦，阮含章，林芳斌，罗汉鹏，刁志成，张宇辉，成　晓，陈　曦，杨明瑶，张雅清，朱艳锦，武俊达，张国兴，王爽怡，李曼菲，珠玛古丽·朱马力，巴·阿荣克西克，杨　瞻，程　诚，赵晓琳，闫少佳，赵玉超，李　彤，游　禛，阙轶辰，王文惠，杨潜颖，孙之逊，梁惠茜，吴梦药，杨　聪，李　鹏，董晓宇，吕　娜，于卉珍，麦热依·吉力哈依达尔，巴音道尔吉·赛尔格林，杨帅朋，夏雨佳，程　威，魏　然，齐　钰，杨中月，张　扬，王靖俊，肖志斌，

续表 7-1

年份	学生类别	学生姓名
2012	本科生	高金鑫，杨辰晖，周金玉，易　路，杨　敏，朗杰次仁，李建波，王婷婷，加孜拉·肖汗，张羽飞，罗　璇，王　斌，阿斯汗，马　骁，段超刚，孙国庆，徐金凤，李雪娇，林　静，胡洪雯，蒋丽莎，张　翯，谢唯祎，卢靖宜，杭　盖，张　晔，谢　姝，王　晨，郑登俞，范倩倩，邢　琳，李民选，黄　昕，王莎莎，曾　红，严建萍，支旭欣，李守娇，谢艺潇，郑丽华，刘　冈
	硕士生	邓　琼，张海涵，刘玉芳，范军令，贺　娜，杨　婵，伍椰南，阚童童，姬鹏云，康慧敏，王德贺，代博闻，李凯扬，李文慧，吴付佳，张娜娜，李言围，任小丽，黄卓林，苏振成，师冬云，闫奕源，袁经纬，董易春，王　坤，王志秀，王成龙，黄　菊，周成浩，高亚辉，刘书琴，王吉坤，袁贡娇，常　卓，何　阳，郭晓晶，史伟娜，耿晓晖，曹　珺，李　追，王伟唯，宋培霞，石慧芹，吴　飞，刘兆宇，李忠超，陈婧舒，宋　扬，王红亮，赖玉娇，段国香，夏　添，赵永锋，张亚一，李青云，王　帅，杨凤娟，和立文，王婷婷，周天骄，田祥宇，焦　宁，张　晨，武甜甜，卞晓毅，张　明，孙文娟，马珊珊，薛建翔，商婷婷，初文生，柴自强，魏　晨，张　靓，邓罗伟，叶　凯，李长才，闫慧芳，马　磊，钟梦莹，杨晓洁，陆继肖，贾　真，梁亚爽，李　娟，刘宏亮，李　倩，徐　然，李旭娇，刘燕蓉，路文杰，黄艳华，汪　辉，刘统帅，白雪花，汪先友，周　期，王书祥，王建梅，刘成琨，冯镜宇，侯仰潇，陈远庆，何　源，秦文向，程琼仪，高维敏，马改彦，杨元龙，何　翠，许彦飞，龙红茨，刘君地，李旺平，张鸿艳，王珠清，涂金敏，刘会杰，董刚辉，成朋来，丰永帅，付松川，许　玲，尹达菲，郑千涛，欧阳张智，尹洪伟，李蒙蒙，李宇飞，石茂玲，钱莉莉，贾　婉，吴雅娜，周　静，王　雨，王　硕，杜　娟，王　媛，车文利，李锡智，刘耀华，张志勇，韩　杨，段宏超，刘旭明，郑红松，王艳林，闫　舒，王建龙，周相超，郝　凯，郭　健，李玉军，房伟安，颜明挥，黄华汉，李雪松，王　刚，杨光宗
	博士生	李　娜，闻治国，朱勇文，于晓丹，夏方山，张玉娟，张　涛，张玉娟，张　涛，叶文兴，田吉鹏，沈　月，陈文青，吴春会，

续表 7-1

年份	学生类别	学生姓名
2012	博士生	葛雅琼，王志贤，姜午旗，田秀芝，史建民，张　权，杨少华，崔晓钢，谭　琨，任立坤，魏巨龙，吴明明，刘莉莉，吴宪文，邵　凡，苟文钰，金四华，易国强，方　园，马云龙，李秀金，秦春华，李　聪，向　海，张瑞娜，程柯仁，张兴隆，陈　东，李昌武，郭双双，范　彧，李笑樱，宿永波，施传信，黄　强，毕研亮，张红涛，蒋红琴，王朕朕，耿春银，赵丽萍，赵洋峰，曾志凯，马文锋，侯成立，张心壮，高　静，李　洁，孙玉丽，曹斌斌，王建红，武如娟，赵龙妹，林仕欣，DALIRSEFAT SEYED BENYAMIN
2013	本科生	张落桐，魏怡然，孙晓颖，安　捷，孙　妍，史林鑫，刘怡冰，姜春阳，李　晔，朱　婷，金　煬，殷成钧，张寒雪，刘冠辰，张　雄，杨　影，司徒晓蕾，谭洋凯，张　越，何才杰，朱美燃，师　睿，全季康，任　行，谢之奕，刘美岑，邢展华，张晓怡，史晓柱，东琬婷，武玉钦，陈思倩，钮一鸣，徐瑞宏，张雪琦，马　露，黄　烁，王　武，江一凡，徐少庭，陆梦格，何政肖，何　鑫，来径竹，王倩倩，布拉克·喀斯木，李秋静，吴　怡，李安子，吴慧心，郝丁瑞，李　煜，吴佳仪，王　晔，张晗璐，刘　超，胡臻北，余永波，杜孟思，吴　帆，高石英，袁慧超，蒋宝成，张海亮，刘转琴，孙丹丹，胡知羽，孟元博，王晶晶，马　宁，王宇波，宋佳豪，杜可欣，李润娴，张　蕾，郭利娜，王汉星，叶慧唯，许义兰，李芋贤，韩金澄，罗　鹏，祝皎月，阿卜杜赛米江·阿不都克里木，李代琳，宋　朗，杰麦儿，钱逸凡，姬　玲，刘　兵，尚　慧，唐开婷，靳阳美，嘎　珍，宋小广，梁　栋，张　依，刘江扬，陈泽鹏，马悦然，迟庆明，徐重奇，徐艺泉，蒋筱宇，孙宇娟，徐雨江，欧成明，任　成，党世彬，张哲儒，仓　决，蔺永和
	硕士生	屈元启，王建魁，张　越，郑美丽，蒋　尧，吴畠畠，位　韶，张金奉，李　岩，冯晓恬，高亚辉，陶景丽，王　琼，梁若冰，席广银，叶　健，王　源，刘澳星，袁文燕，董响贵，邵媛媛，刘　璐，赵春芳，钱梦樱，李明杰，王应征，张　倩，邵东东，蔡文涛，陆　璐，姜顺严，李丹丹，李兴正，武田宇，刘　佳，

续表7–1

年份	学生类别	学生姓名
2013	硕士生	杨永在，杨雯涵，王封霞，李　康，田耀耀，张贝贝，吕增鹏，王　宪，刘国庆，李培丽，张　磊，吴亚琪，曲扬华，张　磊，黄　畅，何　龙，郭盼盼，赵禹臣，张　赛，朱进龙，彭　倩，张亚伟，刘　虎，李天天，刘红宾，何贝贝，王　浩，郭闪闪，陈咏然，邱　凯，汪兴玉，杨艳艳，王潇潇，卫旭彪，刘　影，苏　奇，徐治蔚，姚倩倩，曹江波，刘　静，潘　利，吴亚楠，白雅芳，陈泉竹，穆　蓁，刘月华，潘　多，袁　柱，阎子盟，朱玉浩，陆　艳，管　聪，孔鲁宁，赵苗苗，马　宁，杨　鑫，路海博，王金环，毛　震，谢雨晴，王长水，肖鉴鑫，李祥翔，李乐义，秦鲁蓬，李　楠，韩雪娇，康诗梦，朱宽峰，李　彧，张　言，赵鹏举，马晓康，卢晓楠，刘　茹，李　蕊，张俊妍，王富锋，胡玉梅，张新颖，张　玲，葛绍标，刘　磊，严　伟，安　晶，王茂飞，谭露霖，马　广，张子淇，张　欢，范一凡，黄河天，王　薇，张有文，郑慧敏，张艳艳，位晓婷，冯子蓉，李真真，杨慧娟，孙元元，安　然，曹　正，陈晓毅，陈学虎，耿　江，郭　钰，海　涛，韩春林，郝少强，贺运迪，简勇军，江　生，焦玉辉，康　润，李　勃，李　杜，李　蕊，李　瑞，马　红，孟　飞，潘长轩，王春华，王静男，闫青霞，周玉虎，GIBSON MASWAYI ALUGONGO
	博士生	朱才业，宋　伸，唐　静，闵　力，王　胜，王克君，汪　海，何长久，王海飞，谢珊珊，傅德智，姜建萍，陶　俐，陈敏惠，杨　婷，张　旭，商　鹏，马红英，李文婷，段忠意，韩　博，宋敏艳，房灵昭，吴帅帅，张　博，王文文，尹　涛，贾功雪，牛文静，夏传齐，谢　飞，岳云双，杜恩存，贾　如，佘　玥，时　梦，蒋　涛，邓由飞，史海涛，马　勇，刘　涛，王　菲，许　啸，刘绪同，李德勇，白莉莉，朱玉华，王　斌，刘利林，白萨茹拉，邵玉新，覃春富，雷　钊，吴　卉，郑召君，段春辉，杨　凯，陈玲玲，王明亚，王忠美，郭建鑫，胡　南，周　可，张　庆，郭艳萍，周冀琼，刘斯佳，张媛媛，刘　鹏，MUHAMMAD AZIZ UR RAHMAN，IHTESHAM UL HAQ

续表 7-1

年份	学生类别	学生姓名
2014	本科生	熊倩倩，谢菊梅，康　晟，胡晓昱，于亚冬，李源韬，陈永庆，贾　爽，马　畅，苏义童，王　秀，白　蓉，姚羽帆，张庆贺，叶长川，曾祥洲，高　晏，周杰珂，李晓畅，杨　迪，央宗曲尼，胡昌辉，罗艺萌，谢力扎提·艾克来木，裴　迪，张舒媛，巩　璐，赵艺竹，王嘉熠，黄铭逸，周子文，孟成真，姚云炀，赵新钢，贺腾飞，陈建宏，陶富平，张　驰，李悦铭，姚　蕾，文彬丞，鲍成玲，卓　嘎，孙　萌，季长臻，阿依旦·艾黑海提，薛佳锴，朱莹琳，安　涛，张吉文，秦瑀浛，常　瑶，施佳庆，李广胜，高朝煜，胡浩文，熊浩哲，林蔓菁，田荣园，陈　静，江　娟，次　央，乔竞谊，郑宇慧，高　龙，张霞霞，马晓燕，黄楚然，阿加尔古丽·塔斯恒别克，杨伯宁，闫庆洁，苏丁然，贾　钰，张广胜，刘　盼，王月君，王墨涵，王俊健，陈兴旺，方志鹏，娄文琦，王　智，任怀彦，姚春燕，邓丝雨，秦　柔，方艺蒙，文　惠，杨光新，段晚晴，杨爱玲，张艺馨，姚松阳，徐一洺，沙贝尔·沙塔，李翠宇，刘沫言，陈　曦，罗宇茜，黄乐然，樊经纬，孔　杰，程　宣，李　婷，达娃罗布，薛晓柳，白　鹭，李梦琦，逄　悦，杭　楠，吴士迪，靳一丹，刘智硕，原大山，展如意，马晨蕊，吴利彩，白玛曲珍，曲　毅
	硕士生	郭思淼，李欠欠，郑佳伟，华国营，王玉梁，许　桥，金娉婷，张　力，王炎耘，李建树，杨明辉，宁　超，华丽娜，王　琦，聂昌盛，石丽君，卢　旭，张士媛，孙洋洋，鄢新义，吴　舟，张萌萌，王福鹏，刘君念，毕慧娟，张志超，林　露，张雅文，王　丹，刘姝丽，劳兰兰，付春正，刘琅青，李泉霖，陈　晶，韩帅娟，陈　良，高月锋，朱　琳，彭楚才，甘利平，范　皓，李婷婷，梁中军，王秋云，李林森，董双钊，付　瑶，郭娉婷，丁兰兰，黄世猛，范沛昕，杨彧渊，刘强林，田启宇，杨　青，陈万宝，尹鑫药，袁桃林，孙开济，杨昕冉，张　擎，张　鑫，杜秋婉，王馨悦，韩苗苗，胡　聪，武子元，包　愈，李　岩，庞　超，张秋亭，齐　鑫，唐于寒，黄建萍，漫　静，陈　倩，何祖欣，郑鸿丹，王立萍，朱艳乔，杨　超，李超群，任　逸，黄坤勇，李金升，孙　浩，张　强，郑玉龙，宋灵峰，魏雨其，

续表7-1

年份	学生类别	学生姓名
2014	硕士生	汤海港，王琳超，梁艺洵，姬琳堡，马佳莹，秦永孝，武启繁，刘永晓，耿彦强，陈一凡，张　睿，王玉霜，张珍珍，刘　玫，李军辉，于海涛，戎晓平，任晓璇，杨旭凯，于藏游，黎贞霞，江昱明，梁伟俊，程玲华，张丰霞，曹　露，李慧贤，全裕军，杨　双，蔡大亮，刘　壮，冯　文，尹晓楠，刘　璇，董元洋，隋雯丽，李　炎，冯　宇，丁悦森，李佳欢，赵华杰，史亚楠，李鹏飞，卫莹莹，杨　红，岑慧芳，李　婧，曹苏卿，高雪峰，郭　蕾，黄世铮，刘江峰，刘丽丽，刘　洋，刘云鹏，吕　军，莽逸麟，弥世荣，王　尧，王永颖，小　亮，肖卫东，谢章平，闫文亮，于　洋，张长斌，张春园，张　玲，张龙凤，赵　娜，朱　勇
	博士生	郭晓飞，刘一帆，江　勇，孙效名，姚延珠，朱　峰，原一桐，王塑天，马　腾，郑先瑞，张泽宾，张艳花，秦玉圣，罗　刚，谭　振，韩　营，刘　强，尹洪伟，吴兆海，周天骄，李亚奎，纪守坤，王书祥，刘　策，徐晨晨，潘　龙，贾红敏，吴　鑫，张　明，季　昀，焦　宁，傅　钰，宋丽梅，闫慧芳，李明娜，唐士明，翟夏杰，吴菲菲，李树成，孙　红，李东霞，康慧敏，王德贺，高亚辉，王志秀，刘玉芳，闫奕源，袁经纬，周成浩，刘书琴，王吉坤，李　追，王伟唯，李忠超，王红亮，王　帅，和立文，吴　飞，孙文娟，夏　添，商婷婷，魏　晨，汪　辉，李旭娇，路文杰，HESHAM YOUSSEF AWAD DARWISH，MOHAMMED HUSIEN YOUSIF ELKHIDER，FATHI M ALI BUHAJAR，SARFARAZ ALI FAZLANI
2015	本科生	吕英楠，李思雨，何　意，裴海涛，孙仪玮，汪　源，戴子奇，蔡荣烺，孙敏燕，罗　鑫，杨其玮，扶佳欢，袁艺博，郭春秀，杨文静，龙权浩，袁天瑶，冯继扬，次仁江白，贾馨雨，王炳棋，王　凯，陈瑜瑾，林若曦，于江楠，王诗岚，王云杰，穆柏宇，沈　杰，陈紫薇，李厚诚，吴腾燕，杨　霄，张沛文，全书丽，左淑贤，赵琦琪，陈韦韬，王思凯，彭思嘉，李锦南，郭睿莹，张晶洁，姚炳乾，兰　丹，马治军，阿依苏鲁·艾麦提，伊力亚尔·努尔麦麦提，刘　爽，冯　墨，杨家钧，王浦卉，

续表 7–1

年份	学生类别	学生姓名
2015	本科生	武海新，刘思漪，何恒迅，黄妍奕，谢佩璐，王海宁，李伯恩，钟雨杉，钱汇佳，肖莲梅，格桑白拇，艾合买提·亚森，关　紫，杨　皓，程梓宸，石辰玉，郭晓旭，崔泽宇，宁　然，李　忆，王尚扬，邓见文，唐　嘉，张婉君，汤　漫，黄嘉杰，宋秋红，黎　欢，魏弋然，陈　旭，张美航，张新雨，王灏天，胡昊杰，侯雪晗，张若琪，和玉伟，廖杨辉，时学锋，韩晓旭，杜中原，夏颖倩，孙红丽，田璐璐，王晓慧，李　娜，段军毅，琼　吉，熊云芬，朱　涛，许泽华，乔葭月，王一帆，刘学思，千德莫尼，金美燕，宋　璟，翁银银，金　萍，徐晶晶，李宇轩，孙翔云，戴雯婷，李敏翀，罗撄宁，曾梦媛，闵旭东，扎西玉珍，陈子奇，徐生阳，黄丹妮，叶力克西·阿曼德合，拉曲卓玛，次仁措姆
	硕士生	郝　靖，王晓晨，纪竺青，麦春宁，刘　力，宋海亮，丁　翠，王晓梅，高　磊，聂懿娟，崔倩倩，贾　堃，王　静，杜　恒，焦文捷，李兴华，康续清，夏海剑，屈胜丽，赵希桐，徐　伟，郑晓彤，朱穆真，张卫艺，姜振飞，文超良，王　迪，张　莹，张红亮，曹明月，杨湛澄，熊志耀，孔明华，陈　霞，杨　旭，李璟辉，孔德琳，王黎琦，王友利，韩琦琦，尹冰洁，吕知谦，赵金标，王　芨，王斐然，王怡平，韩　萌，范元芳，沈兆艳，徐叶桐，张　博，王国良，明东旭，李　娜，宋柏辰，贺　宇，张连华，张云常，王彦芦，田　宁，何　婷，王立群，董博颖，来文晴，张璐璐，段　涛，王　申，张丽元，刘　畅，曹子薇，张利斌，刘媛媛，赵婉莹，郭　瑶，李金栋，李东琴，杜　平，李水艳，王　雅，冯　富，乔建霞，毛春力，刘鸿飞，郭雅琴，王腾华，师天然，赵　欢，李凯凯，金　含，刘　温，侯建建，王可心，秘一先，田丹阳，邵陶祺，邱清华，赵　劼，杨伟刚，陈建飞，宋全芳，陈思潭，王　珏，马浩嘉，王陆潇，张　依，杨冬冰，张月肖，李广栋，周智旋，修　朋，赵丝羽，刘尧君，李亚杰，赵明刚，周　涛，袁毓蔚，许令娜，杜昊轩，颜　桥，李　想，李文博，仇武松，邱桂如，朱　力，罗燕红，安文艺，马　俊，马　磊，徐　聪，梁　栋，崔正伟，张　卉，朱　旭，张　旭，张　强，杨　晗，李玉鹏，韩　可，田锦丽，李　敏，

续表7-1

年份	学生类别	学生姓名
2015	硕士生	云　颖，裴明浩，王木川，杨玉玺，林子然，胡群兵，齐芳华，李　垚，李冰颖，徐爱华，赵智慧，王贤杰，杨小田，路亚楠，邱玉龙，熊厚亮，江良辉，于　飞，李雅楠，朱大鹏，高红媛，杨其琴，许玲玲，张雪春，徐礼先，付磊方，郑　重，王雪连，杨中文，王锦芳，侯义江，王　俊
	博士生	姜晓龙，薛夫光，郭立平，凡文磊，李　楠，蒋　尧，杨凯捷，吴宏平，张　超，王力圆，何阳　，杨勇智，王蜀金，张　俊，李文祥，李　宁，何贝贝，梁海威，范肖肖，刘　宁，张振威，吴媛媛，尹达菲，何东亭，杨春合，周　克，付　伟，李东霞，张颖超，王目森，刘燕蓉，陶景丽，席广银，王建魁，李　岩，高亚辉，王　琼，梁若冰，王　源，刘澳星，董响贵，赵春芳，蔡文涛，姜顺严，李兴正，张贝贝，吕增鹏，李培丽，曲扬华，何　龙，张亚伟，刘　虎，李天天，刘红宾，邱　凯，卫旭彪，杨　鑫，赵鹏举，刘　磊，严　伟，黄河天，肖鉴鑫，马晓康，MUHAMMAD ZAHOOR KHAN，HUMERA HAMID
2016	本科生	白云川，张雅岚，邓蓉蓉，解　湉，杜　楠，魏晓曼，达日格日乐，毛乙臻，徐子然，邱　奥，陈一丹，谢深民，刘雪凝，张锦瑞，胡玉玲，刘　琳，杨瑾龙，韦花海，符天泽，唐　霄，林欣奕，马永航，吴书运，次西卓玛，梁珂嘉，朱　颖，帕哈丁 · 库尔班，郭文丽，唐　彧，李金遥，杨雨婷，卓　越，汪楷庭，张景瑶，华正昌，颜　丽，龚　睿，刘安国，张馨培，蒋振兴，周榆淞，杨凌云，张利雯，付寒玉，李腾川，次仁拉姆，任方杰，张钰成，崔晓婧，黄上真，卢　迪，汪子茗，王语浓，徐松，高宇琦，崔泽军，王　曦，朱奕澄，梁　爽，陈映如，郑　律，许晏维，益西桑姆，何帅涵，杨　欣，王雨菲，从哈尔 · 米拉什，王鑫源，李慧怡，贾曼漪，张　宇，李金晓，金永鹏，周伯睿，刘　惟，万　妍，于济舸，张钰鑫，李思雨，黄　菲，文秀月，龚文成，蔡雪玉，沈成伟，陈思勤，郭朝阳，张　童，李科敏，扎西杰参，郝　薇，王沛峰，王　栅，武祎凡，梁禹琪，王乐怡，高欣源，徐成勇，曾正程，李雪原，吴泽辉，赵　钶，王顺士，付函君，刘力赫，詹慧雯，王子婕，高爱萍，宋荣荣，谢太凤，王　宁，

续表 7–1

年份	学生类别	学生姓名
2016	本科生	帕　果，白云川，张雅岚
	硕士生	刘　丹，刘玉欢，马一畅，易　路，安　婵，曹世豪，崔琳琳，范倩倩，郭金桂，郝培彤，黄　昕，贾子涵，李　宁，史雅楠，滕奉魁，谢　姝，谢艺潇，于慧敏，张阳阳，赵得琴，赵丽媛，周运转，安兵兵，白丽娟，刁晨光，侯凌云，黄建伟，黄政源，姜晓静，黎丽霞，李　暾，李文博，李雨晨，林芳斌，林　珊，刘嘉莉，刘璐璐，刘希明，刘夏仪，刘　悦，吕东颖，石少磊，史良玉，司敬方，汤启国，陶红旭，王　敏，徐　然，徐志远，杨　峰，杨　林，杨潜颖，游　禛，张金鑫，赵清娜，赵天晴，祝　萍，蔡　爽，曹　娜，陈希悦，陈　曦，刁志成，董晓宇，付霞杰，盖向荣，高金鑫，郭贺楠，郭永鹏，胡庆勇，黄冰冰，黄彩云，贾　海，靳　曼，雷佳琦，李恩凯，李倩雯，刘　聪，刘　帅，刘亚京，龙沈飞，宋庆庆，王靖俊，王炜康，王文惠，武玉珺，杨　攀，杨天任，叶倩红，张　刚，张　优，赵玉超，甄文瑞，周金玉，左　斌，仇如梦，代小霞，吉　高，李守娇，王　晨，王思琪，王天正，王学凯，徐民乐，张　晔，周　倩，阿斯汗，巴音道尔吉·赛尔格林，陈　勇，付　乐，高　虹，高志标，耿正颖，郭玉莹，郭昱含，郝科比，郝林果，江赵宁，蒋瑞祥，寇　娇，李俊姣，李美玲，李玉霞，林兴涛，刘舜齐，刘　婷，栾银银，罗　璇，齐　钰，邵平平，邵永光，石　磊，时亚辉，司雪萌，索菲娅，覃苏迪，田小龙，王　越，吴　昊，吴　阳，武　威，肖志斌，徐　爽，许豆豆，闫　超，闫少佳，杨辰晖，尹忠涛，迂莹莹，于占涛，余　健，郁雅琼，袁海旭，张　帆，张国兴，张敏婕，张瑞强，张晓雅，张宇辉，赵　莹，周　婕，张云婷，赵　琳，姚　远，李晓晨，孙国栋，王海梅，郝金鹏，王君滔，张源威，张秋爽，吴　敏，张满义，高　琼，韩祥东，张　乐，张江波，张金风，杨　晔，孙　卫，MD SAZZADUR RAHMAN
	博士生	王泽昭，刘璐璐，李　韦，王　坤，曹　阳，程玲华，窦金焕，冯　文，华国营，林　娟，刘　浩，刘　娟，王　政，位　韶，张萌萌，张雅文，陈菁青，高月锋，黄　帅，李仲玄，娜仁高娃，

续表 7–1

年份	学生类别	学生姓名
2016	博士生	尚庆辉，王　波，王海波，王钰明，杨　真，毕慧娟，刘姝丽，刘　壮，聂昌盛，宁　超，石丽君，王　丹，许　桥，杨明辉，张丰霞，张　睿，张珍珍，包　愈，陈万宝，陈一凡，董元洋，范　皓，甘利平，耿彦强，郭娉婷，韩苗苗，韩帅娟，胡　聪，黄世猛，李林森，李　岩，马佳莹，孙开济，王秋云，于海涛，张　鑫，杨　超，郑玉龙，GIBSON MASWAYI ALUGONGO，MUHAMMAD SUHAIB SHAHID，TAUSIF RAZA，BASEER AHMAD，ADNAN KHAN，SERAFINO MUSA ABDELKARIM AUGUSTINO
2017	本科生	赵文轩，王润哲，范　玥，樊雨昕，石　丽，习文静，岳一帆，黄越川，陈元信，章琼胤，孔令昌，王文涛，何志伟，刘　振，徐坤彪，赵欣婕，李林洁，谢　欣，甘昊霖，刘　璐，颜海波，王　澳，邓嘉杰，刘　祺，翁艳平，索木卓嘎，恒巴提·沙哈提，张灵玉，比莎娜·阿扎提，杨顺然，闫琛，文一丹，马明心，姚鸿钦，沈炯莹，孙　健，刘鸿宇，李潭放，孙　洋，王博玄，李洁，张嗣禹，陈子汐，刘雅辉，马亦珩，胡子尧，李朝阳，史素欣，高　清，杨瑞瑞，吴城勇，王铭正，欧阳潼，王汐琳，林逍然，张　赫，孙愉洪，卢瑾昱，黄千千，罗莳琳，施霁桢，周行健，杨　圳，贾肖轩，旦增欧珠，李显阳，陈若晨，张四维，阿茹娜，阿布都热西提·麦麦提，杨李晗，艾力亚斯·艾斯卡尔，陈科良，罗豪睿，沙　漠，刘健辉，杨美雪，杨智超，李雨琪，陈佳琪，傅奕涵，王钰松，付新月，张愈旸，沈　淳，赵禹欣，彭舒玥，唐高健，张镜宇，张若弛，吴卓雯，刘立萌，雷斯琪，罗一飞，王雨菡，文　秋，王欣慧，杨京沧，王瑞珍，曹进平，刘　颖，陈　果，石　咏，方煜萌，荆林娜，袁　婧，李莎莎，黄晓宇，胥维秀，胡亚宁，李志伟，次仁玉珍，刘雪琴
	硕士生	张　雄，孙美鸽，李　淼，姚富升，陈　荟，宋颖超，雒亚彪，郑　杰，金雨锡，邓梦婷，赵　越，王家浩，朱天奇，马　莹，赵丽华，谷洪昌，胡　潇，刘怡冰，任梦圆，杨　涛，张俊楠，李凤宁，周倩倩，米思远，章傅际，崔　冉，张　兴，宋建楼，颛清芮，邓晓恬，陈思倩，师　睿，东琬婷，杨　影，张寒雪，

续表 7-1

年份	学生类别	学生姓名
2017	硕士生	王　晔，江一凡，官天赐，邱鑫君，刘少帅，王　璐，门洪凯，刘　艳，芦　伟，朱　敏，邢　坤，尚丽君，白　宇，阚刘刚，姜　达，孙士强，王　璐，丁嘉任，孔德煌，马景林，姜丽丽，王　剑，程俊豪，刘　月，尚佳琪，王振宇，党世彬，霍学婷，李润娴，吴　怡，黄　烁，马　宁，王倩倩，武玉钦，陈　辉，李　煜，张晓怡，崔　璐，杨　晨，凌小凡，张轲豪，薛晓柳，安　捷，唐　俊，赵天赐，刘晓丽，闫　丽，王翔宇，张　丛，李玉龙，付锦涛，王文豪，尚栋亮，刘秀艳，王晶晶，马玉林，姬　玲，周俊言，任晓晗，王　颖，杨　雪，王尚尚，李　光，刘哲熹，丁思然，张泽宇，郝阳毅，王明月，孙　妍，史林鑫，李　贞，郑　瑞，耿顺菊，胡江旭，祝皎月，童　燕，朱　涛，孙　伟，徐恒康，王文婧，张海亮，董祎鑫，申青苗，李　帅，陈泳妍，张落桐，王宇波，王璐娜，孙晓颖，张戍园，张　盼，张文伟，杜孟思，何雄杰，沈　丹，孟祥悦，孙彦烽，肖金龙，朱晓慧，刘晓婧，王梦梦，耿仕夏，何雅琴，苑忠央，胡英菲，马　飞，吴　飞，付　良，黄　琪，姜　敏，叶会珍，荆　照，陈泽鹏，刘禹辰，王喜琼，张　蕾
	博士生	徐　磊，李彦品，曹素梅，苏传友，李　爽，付　玉，王福鹏，李　想，李　瑶，齐　欣，武　鑫，刘　菁，初美强，岳　媛，史文姝，刘　宇，唐大智，宋柏辰，王仁杰，郭小岑，简路洋，李鹤琼，刘尧君，张连华，王　钢，陈美霞，李森林，贺　宇，马东立，张云常，王友利，高　健，王强军，文超良，孔明华，李广栋，许令娜，曹明月，陈　霞，梁　栋，麦春宁，王　迪，张　莹，宋海亮，高　磊，王　珏，贾　堃，王　静，杜　恒，李兴华，陈建飞，赵希桐，郑晓彤，邱清华，吕知谦，赵金标，王斐然，明东旭，李　娜，王彦芦，王黎琦，来文晴，张璐璐，段　涛，刘　畅，郭　瑶，PHAM VAN HIEU
2018	本科生	侯西京平，宋春雨，刘冠宇，薛圣霖，艾春晓，何浩然，宋汇灵，葛志超，庄珑昱，刘俊杰，蔡雅雯，汪小婷，余厚默，雷明渝，郭佳和，张思琦，尼玛次仁，李　果，夏库热·阿不都乃比，高绍骐，李胤知，赵子逸，于　睿，刘旭阳，秦佳鑫，李　佳，

续表 7-1

年份	学生类别	学生姓名
2018	本科生	李　尚，陶怡竹，宋祉彦，祝梦圆，周伊洁，杨桐桐，万　涛，谢锐华，毛弈棠，冯奕媚，尹　浩，张诗敏，何冰冰，高晨曦，陈鑫垚，穆再排尔·努尔艾合麦提，普布占堆，赵丽媛，家瑞科，栗乾宇，李冬冬，路博文，李思奇，何　爽，赵岩岩，李谦君，张美琳，贺朱利，林　栩，梁　卉，范雨辰，熊梦琴，徐宇舟，黄黎丰，卢诗雨，王慧莉，帕哈尔丁·玉素甫，伊敏·图尔荪，张千子，宣　琳，段月岩，纪皓楠，张　可，王水青，刘思源，朱　云，杜梓桓，窦文灏，于沛华，周　霖，陈熠宣，李慧岚，侯华琳，罗宇星，杭政宇，肖　鑫，向逸凡，和畅翔，王晓乐，阿拉依古丽·托合塔别克，洪明禹，杜曼拜克·努尔别克，李冯淼，文天琦，张金炎，张叶青，叶力斯汗·恰佼，杨　璐，侯春洁，龚诗珉，朱亚宁，夏银钊，姑丽妮娅孜·图尔荪尼亚孜，任　凯，侍玉梅，尺列旺姆，唐永杰，周晓冰
	硕士生	刘汉锁，秦晓娟，孙静静，汪德华，王卫涵，姚昱君，艾　越，常　瑶，陈彦宏，程静然，丁亚群，付　璐，高　鹏，关盛宇，何召祥，黄　芸，赖兴富，雷　雨，李广胜，李浩然，李文龙，李晓畅，刘华涛，刘亚楠，卢津仑，罗宇茜，马宇浩，秦　柔，孙梦霞，汤子润，王　珏，王天祚，文　惠，颜　泽，杨　柳，袁一铭，赵　薇，钟海安，周杰珂，曾祥洲，董文轩，方舒婷，冯小和，高朝煜，巩　璐，郭利娜，郭晓瑞，李翠宇，李德鹏，李莲红，刘　璐，刘　明，刘沫言，刘　盼，刘胜寒，刘兴波，乔鹏飞，苏义童，王华凯，王嘉熠，王　力，王子婕，温　洋，吴启超，肖敏敏，杨露晴，杨羽晨，姚蒙蒙，叶长川，袁雄坤，张　驰，张　静，张　硕，郑雅文，周声宇，周秀敏，熊浩哲，姚春燕，张银银，朱莹琳，鲍成玲，曹　琼，陈　笛，陈佳静，陈　静，邓佳妮，董旭明，杜成祥，方志鹏，付灵龙，高　晏，宫　玥，何　鑫，贺腾飞，胡　杰，胡金华，黄　洁，黄铭逸，季长臻，贾　爽，姜竹红，解东祥，靳宇航，李　宏，李佳琦，李琪琪，李伟宁，李晓琴，李悦铭，刘建英，刘苏捷，刘永发，娄文琦，马　畅，梅孟然，孟成真，彭　朋，彭振龙，宋荣荣，苏丁然，孙　萌，汪林丽，王　彬，王俊健，王晓冰，王月君，

续表 7-1

年份	学生类别	学生姓名
2018	硕士生	夏添兰，宿冬雪，徐鹏菲，徐一洺，许雪玲，杨光新，杨　潇，姚松阳，于　桐，张德鹏，张　涵，张庆贺，张霞霞，张雅岚，赵新钢，赵艺竹，郑宇慧，周子文，祝仰祥，温俊辉，张瑞琪
	博士生	张立兰，高　杰，戴世震，胡蒸蒸，李泉霖，罗汉鹏，吕慧娇，任俊晓，郃钰溶，王碌碌，王梦瑶，张　帆，张金鑫，张统雨，赵冰茹，周文娣，蔡　爽，杜　蕾，高　航，郭贺楠，贾　海，解　彪，寇　娇，赖玉娇，李　澜，李　鹏，刘　帅，吕佳颖，买尔哈巴·艾合买提，庞家满，秦肖莉，司雪萌，孙永波，王二旦，王炜康，吴建民，武　威，武玉珺，张　灿，张树敏，胡羽珮，吕晴霁，张校军，柴锦隆，刁晨光，林　珊，刘舜齐，刘希明，刘夏仪，吕东颖，石少磊，汤启国，王　敏，王　越，吴　昊，闫　超，杨　峰，杨潜颖，尹忠涛，余　健，郭永鹏，黄冰冰，黄彩云，刘亚京，龙沈飞，王文惠，许豆豆，闫少佳，杨　攀，叶倩红，张刚，赵玉超，甄文瑞，ABDULLAH IBNE OMAR，ABDUL SAMMAD，WASEEM ABBAS
2019	本科生	黄光根，杨若辰，许静漪，刘羽畅，刚依晨，白云鹏，项忠豪，张孟婕，牛柏雯，谢宇杰，肖红宇，何嘉鑫，何汶骏，曾治钦，刘芮佳，张楠，张菀婷，张永福，哈力买买提·阿布都外克力，邵禹铭，李泽昊，李一凡，崔一梦，高奇勋，付　琪，杨　薇，陈思彤，叶　雯，张钊阳，肖瑀轩，蒋贤哲，林翠翠，严诗童，邹雨虹，邓　宏，赵舒然，董选听，周梦晗，马　睿，陆　妍，郝国梁，旦增曲桑，闫梓涵，徐吉辰，蔡义洁，冯　骥，邵玉如，王金泽，崔潆月，毛思越，潘先杰，李　丽，刘子曦，于小艺，明　劭，张鼎新，马烨桦，罗浥铖，王悉妮，成元炜璐，黄一洪，王超逸，杨　潇，苏　鑫，穆尔太扎·麦海木，杨　爽，陶欣月，王显立，黄之育，沈若瑜，徐昊祺，黄思琪，张玉颖，叶柏平，姜伯嵩，高春晓，颜卉宸，刘思遥，宋　帅，王岩露，赖嘉晖，史源钧，段禹交，朱　琪，王梦圆，王筱可，苏热阿提·艾尔米坦，纳扎开提·艾尼万尔，林羿凡，胡羽飏，黄中佐，胡暄葳，武玉雪，王　昭，朱睿敏，郭子盈，郑惠仁，郭宇兵，王宇彤，王柔淇，康子绮，曹秋梅，高文君，温寒月，邱承志，张家图，

续表7-1

年份	学生类别	学生姓名
2019	本科生	库尔班·尼亚孜，信慧佳，毛万宁，旦增云丹，次旦曲尼，仁增旺姆，杨金艳，张福德，钱文静，王先柳
	硕士生	王　雪，李文鹏，郭衍新，马嘉瑜，汪　静，房　勇，常　迎，王　涛，邹　全，肖莲梅，曹宇涛，赵强森，张　昱，王梓一，毛瑞涵，邓见文，程　雪，赵秀蓉，李厚诚，石　咏，陈紫薇，聂瑞雪，王君岩，杨　静，蓝芳仁，刘雪琴，苏握瑜，杨文静，李　颖，胡亚宁，时学锋，孙丹丹，唐雅雯，韩迎雪，王　涵，杜幸柱，樊经纬，武海新，陈　凤，崔　健，李一蒙，白伊丽娜，孙仪玮，卢连强，张文秀，陈天宇，全　爽，张婉君，伍师哲，王丽雪，文伟彰，孙梦宁，扶佳欢，张美红，胡奇乐，魏福晓，薛　瑛，卿涵睿，唐　琪，李龙显，宁　然，吴　迪，张舒媛，戴子奇，鱼笑笑，石辰玉，张翔宇，吴振华，王浦卉，张同坤，牟天琪，罗　鑫，崔朝阳，全书丽，张雨晴，江秋雨，姜　雯，刘　颖，荆林娜，程冰冰，张琼琼，伊思蒙，朱　婷，孙元昊，汤　漫，李斯旋，金穹宇，吴申军，翟尚昆，李锦南，邵天琦，王　羿，王余北，赵琦琪，关　紫，舒高乐，郑伟杰，王　凯，孙新宇，毛智琼，谷　爽，杨梦友，田承鹏，杨玉泽，代冬梅，康周才让，李　星，李先玉，刘云洁，韩会刚，高爱萍，杨家钧，刘春兰，阿卜杜赛米江·阿不都克里木，陈　旭，宋浩桐，邹　雄，高铭坤，王新宇，张明睿，何恒迅，张新雨，刘高坤，曹　恒，左淑贤，彭思嘉，王绍菁，赵　莹，杨　明，李　哲，王诗岚，赖金花，姜耀文，何琳娟，唐镇海，袁天瑶，王俊永，李　森，毛昌发，宋秋红，刘芮兵，张若琪，蔺　娇，熊玉麟，刘志梅，HAMMED AYANSOLA
	博士生	陈明明，崔　冉，胡丽蓉，李建波，李　靖，刘禹辰，马　骁，申青苗，司敬方，田卫华，柏　峻，陈文娟，程　强，刁小高，范瑞祺，耿仕夏，郝阳毅，侯起航，黄婧溪，姜　达，李文娟，李　贞，廖朝勇，刘　艳，宋　转，孙晓格，王宇波，王振宇，杨立杰，杨新月，张耀文，周华金，周　敏，单春花，张轲豪，梁奔梦，谢晓泽，孙福昱，张　帆，陈思倩，谷洪昌，胡　潇，江一凡，金雨锡，刘怡冰，刘哲熹，雒亚彪，马　莹，米思远，

续表 7–1

年份	学生类别	学生姓名
2019	博士生	宋建楼，王文婧，王　晔，杨　雪，姚富升，张俊楠，张　盼，张　兴，赵　越，周倩倩，朱　涛，朱天奇，颛清芮，白　宇，程俊豪，李　光，李润娴，刘　月，马　宁，马玉林，邱鑫君，王　剑，王　璐，王　璐，吴　怡，张泽宇，周俊言，AASHISH DHAKAL，HIRA SAYED
2020	本科生	叶博宣，刘雨石，陈静雯，杨方豪，梁文嘉，安松岩，王昕然，周　晨，张子豪，荆　倩，侯玉新，马樟瑞，曹湘坤，陈承颐，张　莹，陈　群，张文皓，吉虹锦，何泳波，王若愚，杨轩宁，李明旭，李紫欣，程逸凡，连梓丞，尚宇晴，张申博，戴雨池，李志博，张　淳，陈爱民，何培林，董文建，邹青青，高梓豪，伍兆亚，杨慧怡，玉金燕，蒋小意，杜佳耕，何星谕，段昊均，全浩玮，杨若钰，王佳欣，冶倩楠，马尔旦·塔西布拉提，王　一，崔恺莉，李泽昆，王毓甜，王　科，李诗诺，孙天成，孟祥炜，刘永童，闫登科，宁昊泽，尹添柱，韩晓煦，李佳伟，杨　然，周兆晨，韩雨晴，张恒阳，郑雅诗，卢春秋，蒋忠翰，李珮琪，郭正昊，马盈盈，罗雅雯，哈斯特尔·阿斯力，何立航，周文斌，裴娅琳，李　晶，杜　泽，马卓然，金殷泽，支　茵，蓝叶芷，赵彬彬，方逸帆，金缙宁，贾书琛，刘相泽，邓伊凡，吕　悦，彭宇航，李仲毅，杨　静，陆海昇，杨嘉伟，王会茹，袁敬茹，陆振豪，王兴宇，范嘉仪，杨昊林，吕若彤，潘婵媛，陈昊天，边臻麒，胡龙庆，李海强，肖　芬，蒋含秋，刘亚楠，盛会迪，赵岩林，常　铄，罗　明，和艺云，阿泽，扎西贡嘎，李玲钰，彭淑瑜，赵丝艺，刘　梦，赵艺婷
	硕士生	王德鹏，张冰洁，蔡甘先，李　坤，柯　璐，韩紫燕，周　丹，张金柠，曾令森，黄金峰，曹玲霞，张景瑶，刘雅婧，罗凌云，张修安，郭　仪，郝　佳，何帅涵，黄上真，揭育辰，靳佳铭，李　盼，李媛媛，林欣奕，刘　汶，马福平，齐诗雨，尚文希，孙云霄，吴　昊，谢深民，薛雅之，阎来庆，张　帅，张昕烨，张　宇，郑　钢，卓　越，段晚晴，郝友玲，刘安国，贠向隆，姚凌云，王亚男，朱　颖，吴宝云，王中汉，狄玉婷，师煌伟，陈贵琴，张　帆，沈　徐，郭文丽，李双宏，阳田恬，崔晓婧，

续表7-1

年份	学生类别	学生姓名
2020	硕士生	崔亚芳，高　惠，郭建新，胡泽琼，黄　菲，解　湉，金永鹏，李思雨，李　鑫，林姿伸，刘浩桢，刘筱怡，刘亚菲，罗艳辉，马永航，童雨翠，万　妍，徐惠萍，徐　松，杨明珠，张　楠，张　颖，张钰成，张钰鑫，周榆淞，罗艺萌，程建响，薛桥逸，游筱彤，达日格日乐，张锦瑞，朱亚宁，付　扬，黄　强，申文强，白珂瑞，王欣慧，马妙琳，苗欢欢，杨美玉，邱　奥，张广胜，窦广名，王灏天，张文忻，杨占涛，李星泽，李新文，张　濂，张新悦，李　贞，李　航，酒　酒，桑强强，巩思佳，刘梦瑶，杨鸿宇，郝日康，石小童，陈霈瑶，梁乾妮，徐　畅，毕晓昆，刘　迎，杨志宏，胡玉玲，谭　净，庄景杰，余小华，刘灿风，罗生浩，杜雪梅，付蹇洋，王思凯，王全刚，任方杰，王　曦，寇宗樾，李佳芮，唐　彧，许晏维，张承德，史长笑，王倩倩，马婧蕾，高欣源，姜志国，黄梦娜，唐永杰，王吉东，蒋振兴，梁琴悦，罗渝雯，陈合伟，刘雪凝，郝　薇，宁景扬，魏家琳，张　琪，易　鑫，陈志明，海睿麒，彭　容，赵萌萌，宋　双，易　广，王龙飞，景佳男，李　辉，高世超，符天泽，武奥林，赵威森，杨思锐，张卫玲，祝　铭，程　军，王乐怡，李淑娟，王钰曾，张　燕，黎　清，杨雨琦，李韫珂，贺　旗，蒋涵洋，宋月通，李潇潇，李英齐，陈一峰，张梦杰，郜周阳，魏　翊，华正昌，刘　琳，郑中意，KIRAN KHURSHID
	博士生	杜小龙，赵　莹，刘晓静，马峰涛，姚松阳，马丽珠，产舒恒，王士维，颜　泽，赵智锋，李伟宁，薛明明，王喜琼，汪林丽，张海亮，吴苏君，丁　宁，张雅岚，李德鹏，王靖俊，康瑞芬，张　静，雷佳琦，姜丽丽，巩　璐，杨露晴，吕正天，刘晏榕，郭芳申，阿拉腾珠拉，李　俊，刘玉峰，付慧洋，谭　鹏，陆东东，尚丽君，陈彦宏，赵新钢，闫恩法，张　磊，贺腾飞，王　华，祝梦琦，许雪玲，张　涵，李晓琴，卢津仑，赵　薇，关盛宇，张瑞琪，李文龙，刘华涛，周杰珂，温俊辉，杨　柳，袁一铭，钟海安，李晓畅，马宇浩，刘亚楠，艾　越，刘苏捷，鲍成玲，赵艺竹，胡　杰，付灵龙，郑宇慧，叶长川，温　洋，曾祥洲，王子婕，王华凯，王　力，刘　盼，吴启超，

续表 7–1

年份	学生类别	学生姓名
		MOHAMMAD YOUSUF ALI KHAN
2021	本科生	乐婧钰，胡骏达，段巧敏，王一大，吕箫彤，杨鑫峰，张乐洋，陈西莹，王树鹏，廖宝蕊，张镕宽，林芯瑶，罗旭康，张富栋，王梦洁，李博宇，邓增涛，钟　静，黄扬洋，林慕阳，黎芳樱，赵雪莲，骆兴颖，曹书楷，刘佳怡，李志扬，黄思淼，叶尔达那·特列克，刘　彧，高昭锴，毕陈缘圆，孙琛富，李素沇，王柯尧，胡晓烜，李俊哲，赖婉仪，李胜男，杨纪杨，孙小璇，张芷兰，刘欣兰，于晨曦，徐需蔓，周钰坤，林　晨，张玉霜，杨家紫，王宋未旻，王　昊，艾则麦提·那曼，王思佳，刘千乘芊，张劼祎，魏　欣，云曦嵘，许潆艺，杨千钰，许同宸，钟　昊，马馨蕊，张　博，谷子丰，顾卿馨，张一頔，刘　琪，李籽林，李基业，王琪雁如，陈俊翰，周静萍，李时光，罗兰欣，李书泓，金书格，李麒安，何加雯，罗秀梅，马郡遥，张　瑶，魏轶民，李思萌，王肇千，钱雨欣，王　泽，周子瑞，陈　民，邓　勇，高梓萌，王子奇，余紫佳，陈　莉，张曦元，余星龄，章啟杰，税　越，次仁吉德，海域，施培林，楼逸扬，王雅桐，高胜寒，穆含萌，李　烨，王思远，刘尧辛，陈泰然，王钇博，陈飞宇，宋懿华，倪睿楠，邹逸涵，吴思明，刘光耀，姚佳杰，孙千荟，闫　瑾，关　平，程嘉玥，龙怡舟，魏沄锴，谢祯真，谢宇暄，邓思靖，阮小宇，侯运鸿
	硕士生	蔡荣烺，曹晋康，陈雪娇，杜艾侠，冯　墨，勾琴丽，何家乐，黄家辉，黄千千，江欣蔚，蒋彩云，李怀宇，刘鸿宇，刘　丽，刘泳彤，刘　振，马　锐，秦　浩，任旭芳，宋晓晴，万　星，王　澳，王　冀，王沁园，王淑祺，王　远，吴可欣，吴　旋，谢福音，杨金艳，杨梦园，杨　圳，张镜宇，张梓鹏，赵孝凤，郑启浩，周月玲，曾正程，程梓宸，邓思维，邓子棋，傅予彤，高文君，郭祥月，胡　蝶，胡锦明，黄　嘉，黄引超，季　晶，蒋宗佑，康露渊，黎　欢，李春玥，李金转，李潭放，李　伟，李泳琛，刘平平，刘一思，罗荪琳，马成宏，莫蕊瑕，欧阳潼，石晶晶，史素欣，孙　亿，孙智媛，田学峰，涂佳钰，王佳琪，魏易焓，熊凤良，薛帮鑫，杨明睿，姚炳乾，伊力亚尔·努尔麦麦提，

续表7-1

年份	学生类别	学生姓名
2021	硕士生	余子柔，袁　静，张博彦，张嗣禹，张　团，张晓丹，赵晨曦，赵欣婕，周一晨，蔡雨晴，刘　佳，刘天旭，马笑晗，杨李晗，都鹤鹤，何志伟，刘健辉，刘孟番，刘　英，孙　果，徐有晗，许珅瑞，张国庆，朱冉冉，曹红蕊，曹秋梅，陈若晨，程　欢，邸正阳，樊雨昕，郝家琦，李　祺，李振翼，李宗良，林逍然，凌　珊，刘虹宏，刘立萌，刘美玲，罗财伟，罗一飞，毛艳吉，彭舒玥，乔嘉宁，孙　梦，唐高健，田浩宇，王金平，文　秋，吴美明，严　兴，杨　洁，杨美雪，张博轩，张　灿，张　歌，张　晗，周行健，阿茹娜，曹志棋，陈泉贞，范　玥，冯　霞，傅奕涵，高　清，胡三龙，兰晶晶，李　东，李苏敏，刘颖怡，裴　芬，沈　淳，王丽娜，王维佳，王汐琳，张　纯，张红星，郑　律，李　欢，薛　磊，张鹏光，周　烨，常丝雨，李焕湘，李　卫，莫东鑫，夏　繁，董柠其，何玉岗，贺巾锋，邱晨晨，盛子阳，王奕敏，易　琪，白　婷，郝志倩，贾汇真，蒋晓晗，李世鑫，李　树，李　想，刘　璐，刘　倩，刘腾飞，刘文钊，罗　豪，吕文龙，孟晓昕，石英子，王　彻，王浩霖，王　坤，王　睿，王艺盼，王永虎，闫　琛，杨顺然，于可薇，岳紫烟，张家图，张　淼，张　颖，钟　玲，邹有为
	博士生	金美林，杨　宇，贺　越，李　义，张顺芬，常　瑶，代冬梅，戴佳格，谷　爽，郭亚军，郭子骄，黄麒諠，靳文姣，刘云洁，娄文琦，史志成，王　羿，王兆琛，魏文天，吴俊锋，徐子涵，薛亚辉，杨　涛，杨晓阳，姚昱君，张文慧，赵卿尧，仲从豪，周桂珍，陈胤丰，翟志安，高　铎，高铭坤，何琳娟，黄铭逸，孔凡林，李　森，李　哲，刘兴波，刘永发，柳青秀，吕良康，曲洪磊，商振达，沈家鲲，王俊永，王倩倩，王　硕，王新宇，杨光新，杨　欢，杨玉婷，于　耀，张安荣，张　硕，张新宇，张新雨，赵丽华，朱哲坤，庄一民，贺　帅，申仲健，常　迎，樊经纬，胡亚宁，刘雪琴，聂瑞雪，时学锋，孙丹丹，武海新，赵秀蓉，孙梦宁，吴　迪，伊思蒙，侯乃鹏，宋延霞，王晓哲，HAMMED AYANSOLA，ZAHEER ABBAS

续表7-1

年份	学生类别	学生姓名
2022	本科生	张瑞怡，孙倚帆，杨宜婕，张嘉骏，李宛亭，杨鑫硕，胡　彤，袁天皓，单娴婷，鲁智然，徐迎雨，陈颢天，涂亦然，黄国轩，朱　烨，杨定乾，李素荣，袁洁璐，宋柯鸿，姚雨晨，张安煊，周　谦，格桑曲珍，梁凯宣，王宇航，尉　彤，伊力夏提·阿不都西提，石若琳，周嘉毓，赵芸萱，周宇轩，徐耀楠，薛思远，栾博文，周士博，周　媛，范晓峰，林佳蓉，黄泽东，王雨晴，马植龙，熊　璐，肖鑫锐，何　嘉，赵芊叶，李镇廷，谢瑞芸，倪妙卓，张诗晗，王林园，徐睿卿，王一如，阿迪力·居麦，刘泳谊，叶尔城·托克塔森，王浩铭，王欣宇，谢林江，黄安宁，马钧涵，李明翰，秦嘉阳，吴茗嘉，聂沐颖，曾俊溢，杨堂钰，戚永东，姜锦辉，邓志锦，朱泽涛，史笑阳，彭雨欣，熊丹阳，易星月，邱泰雯，刘烊垟，刘娅涵，常丹翼，蔺志宏，赵海龙，木合塔尔·买提卡斯木，王思迪，朱岱巍，李隽妍，张嘉睿，王天正，孙悦，刘佳鑫，魏雨彤，徐逸杨，戴紫嫣，杨兴宇，黄璨然，曾小雨，朱寿阳，李　业，岳要懂，徐婧晗，张超萍，李锦程，刘晓溪，朱翊谷，李思洁，王应乾，龙　仪，李兆杰，毛馨仪，孙祥炜，余佳祺，艾尔夏提·艾则孜，王文琛，吴泰山，王　琨，戴　珩，李海强，肖　芬，蒋含秋，赵岩林，常　铄，松　确，冯彬彬，刘　梦，赵艺婷
	硕士生	曾　彤，陈安琪，陈　骜，陈佳华，代大庆，但红颖，杜梓桓，谷钰洲，郭阿秀，江博文，姜喆奕，李　汶，刘燕玲，刘　叶，卢诗雨，欧阳思，沈紫霞，师远航，宋　雨，汪佳豪，汪志聪，王怡茹，吴澳武，邢　悦，严诗慧，杨丽贤，杨桐桐，杨宇晨，叶梦言，余江洲，虞润杰，张　静，张美琳，张雅慧，赵　蓉，郑明远，朱一笑，庄珑昱，邹骏林，王语浓，毕睿晨，蔡雅雯，陈青云，董晨曦，董　双，范冰冰，范曼曼，范馨尹，郭思言，侯春洁，黄艳婷，冀云茹，李　佳，李千禧，李延龙，李滢滢，李震震，刘思琪，刘亚楠，陆政达，门钊阅，裴世腾，秦佳鑫，孙海军，孙　健，唐喜仁，唐雨彤，滕　丽，汪　娇，王慧莉，向逸凡，肖　勇，许　倩，闫俊彤，杨清澜，杨元森，杨苑鹤，余　越，袁高翔，岳　圆，张皓森，张秀文，赵岩岩，周宸龙，

续表7-1

年份	学生类别	学生姓名
2022	硕士生	朱晓雯，朱亚昊，庄巧越，武祎凡，高晨曦，李思奇，罗渝川，王　静，严　泽，周　军，高绍骐，宫文菁，郭训雨，和畅翔，姜柔柯，刘习媛，吕梦微，莫利钧，孙福腾，唐黄益，王宗宇，艾春晓，曹　阳，曾欣琪，陈晓嫚，程　波，葛梦麒，何　爽，黄　俊，霍文韬，李　建，梁　慧，刘旭阳，龙润泽，路博文，罗　亚，罗宇星，马　宸，米金秋，普布占堆，石庐挺，汤志宁，王露露，王乾美，王庆凤，席茂桐，席梦瑶，谢茜媚，熊梦琴，宣　琳，薛圣霖，伊敏·图尔荪，张诗敏，张叶青，左松波，李慧岚，闵胜男，谭泽钰，王宇彤，熊长安，尹德朋，张福岳，张鹤潼，白云飞，程　龙，程　阳，程莹莹，单相澳，郭佳和，何姗姗，侯雯悦，李胤知，梁　卉，刘　成，刘广镭，刘思源，石庆珍，王　璘，王　哲，依再提古丽·热依木江，张千子，周治宇，陈怡馨，崔　涛，冯奕媚，刘　洁，刘　菁，刘杨子，马明心，马翔宇，齐琰涛，秦宝春，屠轲帆，吴硕颖，徐艳丽，张冯汶卉，周冬冬，阿依博塔·巴哈提，艾晓华，步虹静，陈　傲，陈超凡，崔雯雯，郜　佳，苟　思，郭曲霖，黄瑞祥，贾余慧，郎阿玲，雷斯琪，李思雨，李腾川，李怿雪，林　肯，刘　祺，孟沁阳，莫佩霖，彭淑瑜，孙钦政，王浩然，王　神，王芷婷，吴　双，徐甜甜，杨　璐，姚佳欣，张　迪，张福德，张金炎，张姝雅，张　宇，赵丝艺，周晓婷，邹少东
	博士生	陈川河，刘天义，陈士友，李晨阳，刘子豪，陈　磊，崔　健，邓见文，黄　强，李珊珊，李淑娟，李文鹏，李　贞，刘家鑫，刘雪凝，聂靖茹，唐雅雯，唐永杰，童世锋，王　刚，王鲁豫，王　雪，魏　翊，吴　慧，薛鹏翔，张乐天，张　琪，张　强，张文忻，郑伟杰，曹　恒，戴子奇，符清瑶，高旭阳，郜周阳，韩琦琦，季圆清，李尚汝，刘仲昊，马秀花，宁　然，孙志强，唐　琪，唐　彧，万波扬，王　斌，王钰曾，杨　阳，杨占涛，易　鑫，张明睿，张鑫玥，郑自彬，段政均，王全刚，蔡甘先，程　雪，韩迎雪，蓝芳仁，刘志梅，马福平，毛瑞涵，齐诗雨，杨　静，张景瑶，张　昱，赵强森，邹　全，陈天宇，高　惠，胡奇乐，江秋雨，林姿伸，刘　颖，石辰玉，童雨翠，吴振华，

续表7-1

年份	学生类别	学生姓名
2022	博士生	张　帆，张美红，张婉君，张翔宇，全龙泉，王余北，杨　光，张　钰，任国栋，王吉喆
2023	本科生	张子初，张芮涵，张洪菲，赵宸章，冯启航，孙瑛宏，代梓君，黄韵石，王　一，刘曼茜，张墨涵，黄紫云，江海滨，林家永，孙艺璟，李泽华，毛思淇，廖若卿，蔡慧怡，廖传愉，覃贝雨，王佳林，张雪梅，陈文锋，周文涛，陈伶，黄靖家，宋柱威，阿合丽·努尔赛力克，万小雅，武琳雅，于婧怡，杨子健，程　坤，宋逸文，陈卓霏，虞可歆，邵星喻，管凌馨，朱晓悦，陈　楠，赖美菲，刘文德，戴启翔，付葭昳，张舜语，陈吉思，朱　珠，古松源，孟鑫婷，王翊棵，张钰翎，陶润萱，丁伟豪，李晓梦，高　铨，宁煜婷，吴　祯，陈思睿，毕淑妍，蔡润怡，仝蕙荧，殷昱含，武玉瀚，奇茜格，孟子涵，李佳悦，陈泽乾，孙　莹，张梦雅，罗雨扬，谢凌云，张敏浩，陶　嘉，李昕冉，陈国兵，杨　跃，陈壕贤，王艺霖，刘圃含，易钰佳，蒲思佳，刘意轩，陈思衡，普琼扎西，赵睿宁，杜欣儒，付和青，韩　月，陈仪萌，刘依格，倪　杨，于亦菲，李一鸣，王巨超，肖九容，吴佩谣，唐　垟，高宇阳，李可轩，周小骞，倪舒晗，姚桂鑫，李浩冉，张　镨，肖梦怡，言宗恩，龚石榕，唐威武，刘付冬晓，高玮晗，覃粒芷，何汪雪，李子胥，尼玛顿珠，潘雨诺，张清天，高　烨，马　可，安雨欣
	硕士生	刘兴元，章骁禹，江笑宇，牛　添，李婧轩，程　伟，王群仆，曹静超，石一龙，余时隆，明　劭，雒冰心，杨汶婧，俞　怡，时　雨，刘辰恺，苏　洋，牛柏雯，陶欣月，邓　宏，刘芮佳，许静漪，成元炜璐，叶　雯，娄建东，金虹蕾，王心雨，潘彦悦，范子萱，薛百玲，陈柏达，邹鑫华，王秋连，高铭悦，杜玉双，曹　慧，卢　劼，王祎玮，陈思彤，王悉妮，王　濛，王润哲，苏真煜，陈　伊，刘佳灌，李柏欧，徐逸飞，罗心如，李鹏飞，赵成晨，鲍家乐，黄震千，任凌煜，孟岳阳，李博雅，肖　诺，王　悦，黄中佐，黄之育，朱　琪，于小艺，罗浥铖，蒋贤哲，张玉颖，何汶骏，李　丽，肖瑀轩，邹雨虹，蔡　坤，李朋帅，季少雄，赵丽伟，黄靖懿，张　晶，李云珂，郑凯宸，梅丽华，

续表7-1

年份	学生类别	学生姓名
2023	硕士生	李梦琳，常城贺，陈　淑，谭瑞琪，谭名洋，罗翔诗，廖嘉龙，刘小梅，刘赛格，王先柳，王雨婷，颜畅，刘鑫宇，何义飞龙，刘宇慧，朱美颐，谭媛元，陶思名，周思玲，张　昕，张鼎新，熊　绎，曹祖辉，黄　娅，田思齐，钱姝含，刘国红，杨遨宇，王妍雅，殷　静，赵　静，周梦晗，陈思超，保　杰，赖嘉晖，崔潆月，何淑君，郭思雨，杨　迪，段禹交，汤　政，潘婵媛，杨玉琴，李谦君，王超逸，曹　宇，王梦圆，赵旭丽，何　欣，黄一洪，杨若辰，李　然，马纪然，韩月洁，郭梦含，曾秋羽，甄　溪，何雨勤，刘吉康，薛慧雯，张宏亮，马　妍，孙文广，黄梦姣，黄帅翔，苏　鑫，肖　鑫，叶晓歌，吴力健，魏书青，付　琪，王金泽，叶柏平，马烨桦，胡羽飏，张　硕，徐淑泳，王佳瑶，肖欣雨，侯彬伟，沙　漠，董　伟，陈晓梅，王鑫蕾，李　晴，刘南冰，乔鹏飞，连子怡，席　冲，张　楠，张嘉雯，王筱可，卢兰凤，陈飞帆，范　悦，万文强，翟双双，家瑞科，贾逸格，姚茹玉，刘　莹，马雨禾，解淑贤，王嘉欣，温寒月，姚震娟，杨仕泓，王　孜，王　笑，任志昕，张宝兮，孙　扬，王嘉欣，孙文娇，李　可，闫晓宇，徐贵兰，段　帅，薛靖雯，冯　霄，宋　倩，饶明磊，谢宇杰，姜梦瑶，陈柏嘉，刘一聪，姜伯嵩，徐吉辰，潘先杰，高子涵，李　宁，陆　妍，朱守嘉，宋　帅，孙禹枫，李泽昊，王盖盖，张　驰，刘凯乐，李晓一，高腾雨，周宇君，辛　雨，罗　通，王岩露，喻凌枫，王　朋，邵禹铭，牛君君，黄嘉威，蒙桂蓉，伍振越，唐　源
	博士生	姜　琳，李　操，贺巾锋，何玉岗，朱亚宁，苗小猛，于晓帆，查程万，孙新宇，方钱海，陈泉贞，郝　佳，赵萌萌，赵一苹，王欣慧，郜重丞，马艺珈，翟亚莹，郑　律，刘晓景，王　淯，夏建民，康帅帅，曹红蕊，崔　健，许晏维，尤璟涛，樊雨昕，任　柳，阿卜杜赛米江·阿不都克里木，任　娜，冯艳荣，张　灿，王　智，王　尧，付荣荣，刘　悦，付蹇洋，白雅芳，岳潇雨，陈合伟，吕青青，马博妍，张　博，彭思毅，郑云朵，史长笑，吴奕奇，易　广，卓　越，杨金艳，孙云霄，郑　钢，靳佳铭，罗凌云，张昕烨，张冰洁，揭育辰，刘雅婧，刘　丽，

续表 7-1

年份	学生类别	学生姓名
2023	博士生	张　帅，吴　昊，阎来庆，李媛媛，马永航，刘安国，张　楠，李春玥，郭文丽，王亚男，徐惠萍，刘亚菲，余子柔，张钰成，金永鹏，刘浩桢，李　鑫，李思雨，程建响，邵玉如，黄　宁，刘　铃，朱冉冉，张龙苗，姜宇翔，张博轩，王　萌，冯雪燕，王新元，邱晨晨，杨婷铄，张　鑫

第八章

百年牧歌

一、牧之缘：吴常信先生话旧事

我什么时候开始相信起“缘”来了？没有开始，只是随意拈来。我认为“缘”就是“缘由”“缘分”。我考上农大是缘分，学畜牧也是缘分，认识某人也是缘分。

查了一下百度，“缘”字居然还有好多个寓意和象征，这里选了几个我喜欢的：“缘”寓意乐助他人，与人和睦；“缘”象征生命力和进取心，有志竟成。我又自作主张地把“缘”字的意义“深化”了一下：从自然科学来说，缘是机遇、是概率；从人文社会科学来说，缘是仁慈、是爱心。要是别人还没有说过，那就是原创，要是以后有人跟进了，那就是首创。

我已经完成了《鸡缘》和《马缘》，都是以回忆和讲故事的方式当作“文化传承”，希望青年人能够继续创新和发展，把农大人的故事讲下去。

要感谢动物科学技术学院的党政领导，鼓励我往下写。我正在写的有“猪缘”，计划写的有“羊缘”和“牛缘”，考虑写的有“学缘”（学校、同学、学生、学人、学友）。能完成多少？那就要看我自己的“缘”了。

吴常信

鸡缘

（《中国畜牧杂志》创刊70周年志贺）

以下都是20世纪发生在北京/中国农业大学与鸡育种有关的几件事，权当故事看吧。

“农大黑”鸡和“农大黄”鸡

“农大黑”鸡和“农大黄”鸡分别于1951年和1954年开始由赵希斌先生（北京农业大学家禽学负责人）主持选育，地点是在北京农业大学罗道庄鸡场，就在校园最东面。我是1953年入学的，课余常和同班几个喜欢养鸡的同学到鸡场去转转。那里的鸡有好几个品种，还有一群北京鸭和几只狮头鹅，是家禽学的一个小型实验牧场。赵希斌先生一般都在畜牧系小院办公，不常去鸡场，和我们比较熟悉的是石国玺场长、王崇道技术员、小杨（杨奉君，饲养员兼管育雏）和小平（平锦生，饲养员兼管孵化），真是“麻雀虽小，五脏俱全”。

“农大黑”鸡是用澳洲黑鸡（原产澳大利亚，是肉蛋兼用品种）和我国狼山鸡杂交而成的，在后代的自群繁殖过程有的鸡胫部有毛，有的没有毛；有的鸡眼睛虹彩橙黄色，有的鸡眼睛虹彩黑色。后代部分黑羽鸡中，特别是公鸡在颈部、翼部、尾部有较多的红褐色羽毛，性状不稳定。最主要的是客户反应（农大教职工及家属）黑鸡不如黄鸡好吃。1957年，鸡场从罗道庄搬到马连洼农大实验站时就把“农大黑”淘汰了，但作为遗传资源仍保留了澳洲黑鸡和狼山鸡。

图8–1　20世纪50年代北京农业大学校门（罗道庄）

“农大黄”鸡的育种始于1954

年赵希斌先生做的“油新杂交”，即北京油鸡和新汉夏鸡（原产美国新汉夏州，肉蛋兼用品种），杂交后代在繁殖过程中也出现了体型外貌的分离。1957年下半年又用新汉夏公鸡与“油新一代”母鸡杂交了一次（回交），当时叫作“油新二代”，重点选择体型外貌和产蛋性能。一年后北京油鸡的毛冠、毛腿、五趾、髯须等性状都被淘汰，外形很像新汉夏鸡，而且是黄羽、黄脚、黄喙，皮肤也是黄色，皮下脂肪层较厚，肉香、汤鲜，深受农大教职工家属欢迎。鸡场淘汰鸡时，家属们都到鸡场点名要买“农大黄”，供不应求。1959年下放结束后，学校曾举办过一次下放成果展览，“农大黄”鸡也在其中。后来被北京巨山农场领导看中，作为鸡和蛋的特供品种，饲养在西郊巨山农场。

如以1959年“农大黄”鸡参展作为育成算起，“农大黄”鸡比1999年深圳市康达尔（集团）股份有限公司经农业部品种资源委员会审定通过的第一个黄鸡品种“康达尔黄鸡”整整早了40年。

甩掉“卡脖子”，育成“争气鸡”——农大褐

1978年改革开放以来，我国多个蛋鸡种鸡场分别从外国家禽育种公司进口蛋鸡种鸡“父母代”和“祖代”。引入数量较大的有罗曼褐（德国罗曼公司）和伊莎褐（法国伊莎公司），后来又引进了海兰褐和海兰白（美国海兰公司）。这些外国家禽育种公司为了迎合中国客户喜欢粉壳蛋的需求，又推出了“罗曼粉”“海兰灰”等褐壳蛋鸡与白壳蛋鸡杂交的商品鸡。利用两套伴性基因在父母代和商品鸡的初生雏中都能自别雌雄。

这些外国公司最初向我国出售的都是一日龄父母代雏鸡，父系是褐色公雏，母系是白色母雏。买来后只能生产商品鸡，于是又要从外国公司进口。当时我国提出要进口同时有公鸡和母鸡能生产父母代的种鸡，外国公司说可以，那你们要进口祖代鸡，但价格要贵得多。当时一只父母代鸡为8美元，一只祖代鸡要80美元，贵10倍。贵也要

买！于是买回来4个系，A♂B♀是洛岛红型，C♂D♀是洛岛白型，由于4个系都是单一性别，到国内后又只能生产父母代鸡和商品鸡。原种还是控制在外国公司手里。于是又和外国公司交涉，说要买A、B、C、D 4个系的种蛋，但遭到拒绝。当时我们都很生气，说一定要打破外国人的垄断，为中国人争口气。这可能就是现在所说的“卡脖子”技术吧！

参加育种工作的主要有家禽组的单崇浩（室主任）老师和王庆民老师以及遗传组的我和宁国杰老师。时间是1981年，地点在农大昌平实验站，育种工作由单崇浩老师牵头。

最初我们想从进口的祖代鸡A♂、B♀、C♂、D♀中找鉴别误差，即A♂中有个别母鸡，B♀中有少数公鸡，C系、D系也一样，但很快就发现这一方法不可行：一是鉴别误差的鸡质量不好；二是数量少，扩群困难；三是即使扩群到一定数量，但后代也很容易出现近亲繁殖。后来又分析是否可以从商品鸡中反向选育，这一方案也被否定了，因为在白壳蛋鸡的育种中是可行的，4个系都是白羽、白壳蛋，但褐壳蛋鸡商品鸡后代羽色会有很大分离。最后我们从国内已有的褐壳蛋鸡的祖代和父母代鸡中，应用合成系育种的原理和方法合成洛岛红型A♂（快羽）、B♀（慢羽）和洛岛白型C♂（快羽）、D♀（慢羽），解决了这个难题，属引进消化吸收再创新。商品鸡命名为“农大褐”而且生产性能也不比从外国公司引进的鸡差，这一点可从下面一个例子说明。

离农大不远的运河边上有一个北京市海淀种鸡场，年年从农大买农大褐A♂、B♀、C♂、D♀ 4种祖代鸡，生产AB♂和CD♀。单崇浩老师和场长比较熟悉，常去他们那里指导工作，有时候我也陪着去。有一次发现他们对外供种的名片上印的是提供优质罗曼褐父母代鸡和提供优质伊莎褐父母代鸡的广告。单老师问他们：“你们什么时候也进了罗曼和伊莎？”他们笑着说：“就是你们的农大褐，谁来买罗曼就说这是罗曼，谁来买伊莎说这就是伊莎，而且年年回头客很多，从来没有说有什么质量问题。”我说：“那不是假冒吗？”场长说：“是‘假冒’，但这是优质的‘假冒’产品！”

“农大褐”在昌平实验站一直饲养选育到第九代，为当时系里许多教师和研究生提供了实验材料和数据。

临危受命的“农昌1号”和“农昌2号”

借着改革开放的春风和科学技术是生产力的英明论断（1978），北京市政府在各行各业都聘请了大批技术顾问。单崇浩和我都被聘为北京市政府的畜牧顾问，挂靠在北京市畜牧局。不久我们被派往北京昌平种鸡场进行鸡群整顿和育种工作。

昌平种鸡场规模中等。主要饲养的有两群鸡，一群是以红褐羽为主（羽色很杂）的褐壳蛋鸡，另一群是白羽白壳蛋鸡。问他们来源，说都是从北京几个种鸡场引进的父母代鸡生产的商品鸡，再从商品鸡自群繁殖的“商品二代”“商品三代”。

白鸡都是来航型，整群比较容易，只要从体型外貌，出雏时分快慢羽、发育好的公母鸡挑出来单笼饲养，做个体产蛋纪录、家系选择，就能一代代选育提高。褐壳蛋鸡的羽色分离严重，特别是公鸡有许多颈羽、翼羽金黄色，尾羽黑色，很好看。但从育种目标要求，都被淘汰。通过外形选择，建立了一群洛岛红型的褐壳蛋鸡。没有再选洛岛白型，准备红白（白来航）杂交推广商品鸡，生产粉壳蛋。

1983年，国家启动了“六五”科技攻关计划，涉及农业、消费品工业、能源开发及节能、地质和原材料、机械电子设备、交通运输、新兴技术、社会发展等8个方面的38个项目，114个课题。其中“农畜育种技术及繁育体系”等7个项目被列为对国民经济全局关系重大的重中之重项目。

在蛋鸡课题中，有一项是各参加攻关单位的鸡要做性能测定。被邀请开会的专家单位有北京市畜牧局、中国农业科学院畜牧研究所、北京市农林科学院畜牧所、东北农学院和北京农业大学等，每个单位有1~2名专家出席。北京农业大学被邀请参加的有单崇浩老师和我。大家发言都很踊跃，介绍自己单位的鸡种好，希望能参加攻关。我和单老师都没有发言，因为来开会的单位有什么鸡大家都清楚。这时有一个单位的某位专家发言说农大没有什么鸡种，就给我们专家组当顾问吧。我听出这里面话中有话，因为“六五”攻关是“六五”计划中期（1983年）启动的，到1985年底结束，只有两年多一点的时间，关键是要通过这两年测定鸡的表现，争取进入“七五”科技攻关计划。当时我就站起来说：“我们农大是按农业部畜牧局的通知来参加蛋鸡“六五”攻关讨论会的，不是来参加顾问会的，如果是顾问会那我们就不参加了。”并做出要走的意思，单崇浩老师也站了起来。当时气氛比较紧张，后来局领导请大家坐下，说发的通知是参加攻关讨论会的，农大是参加单位。于是大家又都坐下讨论各单位参加‘六五’攻关的鸡种。报名结果是北京市畜牧局出京白1号、2号和3号，东北农学院出滨白1号和2号，中国农业科学院畜牧研究所出B4、B6，北京市农林科学院畜牧所出红育。我和单老师在旁边简单商量后报了“农昌1号”和“农昌2号”。因为发现各单位报的几乎都是两系杂交的杂种一代鸡，有的还是刚从外国引进的鸡种，换了一个名词。

我们报农昌1号和农昌2号是有根据的。1号鸡是由农大褐A系作父系，昌平种鸡场经过整群选育后的褐壳蛋慢羽母鸡作母系，两系杂交的后代，红羽、褐壳蛋，初生雏鸡能从快慢羽自别雌雄。2号鸡是由农大褐A系作父系，昌平种鸡场经过整群后选育的白壳蛋慢羽母鸡作母系，两系杂交的后代产粉壳蛋，羽色是白鸡身上有些黑斑，初生雏也能从快慢羽自别雌雄。

开完会回来，我和单老师都很高兴，因为这两组鸡达到“六五”攻关目标，入舍鸡总蛋重14.5千克是有把握的，这就为能够继续参加“七五”攻关打下了基础。

畜牧系（动物科学技术学院前身）牛、羊、猪、鸡都有要参加攻关的项目，系里想听一下各组的汇报，开会总结一下。单老师给系里老师们汇报时，又着实渲染了一番那时的会场气氛。“他们也太不像话了，说我们农大鸡场太小，拿不出鸡，就给专家组当顾问吧。老吴一听就不干了，站起来说我们是来开攻关会的，不是来开顾问会的，看架势他是要退会。我也霍地站了起来，开始收拾包包，系主任都要退会了，那我还不跟着走！后来让农业部畜牧局来主持会议的领导给劝住了。”老师们听了又夸了单老师一番，俨然是“英雄归来”的样子。

从“两度攻关”到“走自己的路”
—— 农大褐3号节粮小型蛋鸡的育成

“六五”攻关是在“六五”中期即1983年开始的。参加蛋鸡攻关性能测定的有京白1号、2号、3号，滨白1号、2号，农昌1号、2号，B4、B6和红育10个鸡种。攻关指标是72周龄入舍鸡产蛋量14.5千克，当时外国蛋鸡的生产水平约为16千克。到1986年2月全国验收时，除“红育”外，其他鸡种都顺利通过。各组鸡的平均产蛋量15千克，但当时国外蛋鸡产蛋水平已达17千克。

“七五”攻关在时间上是完整的（1986—1990年），蛋鸡攻关组把指标定在17千克，5年要提高2千克实属不易。这次攻关增加了两个内容：一是用一个在国内饲养的外国鸡种商品鸡作为对照；二是用“双盲法”，测定者和饲养者都不知道测定的鸡是哪个单位的。测定鸡饲养在牡丹江种鸡场，数据由第三方张家口农业高等专科学校的朱元照老师负责统计，到测定结束后当场公布。由于测定的项目很多，如测定期死淘率、72周龄入舍鸡产蛋数、饲料消耗和料蛋比、开产日龄、43周龄蛋重、淘汰鸡体重等，参测的鸡各有千秋。其中，北京农业大学在昌平种鸡场培育的“农昌1号”褐壳蛋鸡的产蛋量还略高于作为对照组的加拿大雪佛公司“星杂579”的水平，居各参测鸡种之首。可是当时外国主要育种公司的蛋鸡产蛋水平已达18千克。

经过两次攻关，国内自主选育的蛋鸡鸡种，虽然在产蛋性能上有所提高，但总是赶不上国外高产品种。分析原因，我国自主选育的主要鸡种还是从国外引进的白壳蛋、褐壳蛋、粉壳蛋鸡的父母代或是商品鸡中选育的，一年一个世代的选种方法也是参照国外育种公司的方法，技术上没有创新。于是我们做了以下几项工作：

（1）高产与高效的比较　动物生产中饲料占总成本的60%以上，如果也能像作物中利用矮秆基因节省茎秆消耗的能量，不就能够提高生产效率了吗？

（2）矮小型基因的选择　在鸡中，有好几个基因都会导致体型变小，通过比较，选择了性染色体上的*dw*基因。

（3）矮小型*dw*基因在蛋鸡和肉鸡育种中作用的比较　国外育种公司曾推出带有*dw*基因的速生型肉鸡配套系。他们把*dw*基因引入父母代母鸡，使母鸡体型、体重变小，还减少了前期产双黄蛋的数量，既节省了饲料，又提高了合格种蛋率，但影响了商品肉鸡的增重。

单崇浩老师在攻关小组讨论方案的时候，首先提出要使商品蛋鸡带有*dw*基因，因为商品蛋鸡饲养量大，节省饲料的作用更大。这就是“节粮小型蛋鸡”的由来。

（4）和原有43周龄选种方法的比较　改用公鸡“先选后留”，母鸡“先留后选”的二阶段选育法，提高了选种准确性。

（5）节粮小型蛋鸡的效益比较　在当时的市场条件下，每只小型蛋鸡比一般高产蛋鸡可多盈利8~10元人民币。

经过8年（1990—1997年）的选育，成功地将矮小型（*dw*）基因引入中型褐壳蛋鸡，育成了小型蛋鸡的纯系和商用配套系。这种蛋鸡体型小、耗料少、料蛋比可达2.1∶1，超过同期国际上高产蛋鸡的水平，对我国利用有限饲料资源生产更多的鸡蛋有重要意义。该项成果“节粮小型褐壳蛋鸡——农大褐3号”于1998年获农业部科技进步二等奖，同年又获由科技部等5单位联合颁发的国家重点新产品证书。1999年该成果“节粮小型褐壳蛋鸡的选育”又获国家科技进步二等奖，属原始创新。

图8-2　矮小型蛋鸡的获奖及认证证书

时间已经到了1999年，20世纪北京/中国农业大学鸡育种的“故事”就讲完了，有经验，也有教训。无论是从“文化传承创新”，还是“文化传承发展”，都需要年轻人一代一代的努力，把农大人的“故事”讲下去。

谨以此文兼贺中国农业大学动物科学技术学院100周年院庆。

马缘

（中国农业大学动物科学技术学院100周年院庆志贺）

图8-3　吴常信先生

我是1953年考入北京农业大学畜牧系的，入学不久就分成畜牧和兽医两个专业，学生自由报名选专业，我选择了畜牧专业。从此我就在动物科学领域学习和工作了70年。下面讲的都是20世纪发生在学校学院（系）一些和马有关的事情，因此称为“马缘”和“旧事”。

初学骑马的“乐”与“苦”

畜牧系新生入学不久，都愿意骑在马上照相，寄回家去，让父母兄弟姐妹和亲戚朋友看看，学畜牧有多神气。同年级同学让我去找老师商量。当时刘少伯老师刚毕业留校，是养马学助教，我就和他说了此事，他又向他的老师张申如先生，一位从美国回来不久的畜牧系养马学负责人请示。答复是可以骑，但只能骑光背马，不许备鞍子，怕“挂镫”（也就是人从马上掉下来，脚却套在马镫里被拖着跑，如不赶紧让马停住就很危险）。头一回，由刘少伯老师带我到学校西门外供王寺实验站的一个马厩牵马。马厩里马、骡、驴都有，除了两匹教学用马外，都是实验站干农活的役畜。刘少伯老师向饲养员交代，以后由我负责把马牵走和送回。

学习骑马的地点在学校东门外的一条河堤上，人少、路直、土质结实、有足够的宽度，非常理想。第一次由刘少伯老师做示范，怎么上马和下马，又介绍了马的4种步伐：慢步、快步、跑步和袭步。还说我们骑马照相只能骑慢步和快步，不许骑跑步，更不能骑袭步。说完他就走了。

图8-4　与汗血宝马合照

第一次骑马照相，同学们情绪都很高。拉来照相的马，名叫“阿哈7号”，后来才知道是“阿哈-捷金”的口误，汉武帝时代叫“汗血宝马”，原产土库曼斯坦，中亚地区许多国家都有此良马。阿哈7号体高（鬐甲最高点到地面）足有1.65米，高个子男生勉强可以撑着爬上马背，个子矮的男生和女生都需要人抱上去。同学里能够一搭马背就跳上去的也就是两个人，一个是上海来的柴熊飞，是我杭二中的同学，另一个就是我。因为跳得高，后来我们俩都进了校排球队，我是队长，他是队员。

照完相，有兴趣的同学还可以再骑一会儿体验体验。女生都走了，男生留下来的也就是4~5人，主要都是我的室友。大概又骑了一个多小时，骑完了我把马还回去。在回宿舍的路上，总觉得走路不对劲，自我感觉是屁股磨破了，热辣辣地疼。回到宿舍，只见“骑手”们一个一个地半褪下裤子，趴在床上，互相帮着抹红药水。

一个星期后伤口痊愈，几个男生又提出要骑马，于是我又去找养马的饲养员，他问怎么那么多天没来牵马，我实情相告。这次他给了我一块马鞍垫子，我骑着一试，果然好多了。到了骑马地点，同学们又互相照相，我也让同学给我照了一张照片。凡是见过这张照片的人都说这匹马好，看来并不只是伯乐会相马。

骑了几次以后，我胆子也大了，就不守规矩了，4种步伐跑了个遍，体会出快步最颠，磨破屁股的根源在此。袭步最舒服，跑起来只听得耳边风声响，我自稳坐钓鱼台。说也凑巧，正在跑得兴起的时候，刘少伯老师不知从哪里冒了出来。只听得他大喝一声："下来！摔断了腿、撞了人谁负责？"我急停下来，连连认错。因态度很好，除了被尅了一顿外没有受到更进一步的处罚。不过骑马照相是"寿终正寝"了。

涿县牧马轶事

1969年，学校接到战备疏散的"第一号命令"后，雷厉风行，迅速疏散。我和畜牧三年级的一个班，在一位军宣队干部的带领下，下放到河北衡水地区武邑县欢龙庄大队劳动锻炼。家属也根据"命令"搬迁到涿县（现涿州市）农大农场及附近农村民居寄住。我母亲和我的两个女儿（都在上小学）搬到离三区队较近的一个村子，叫三城村，记得我家的邻居是戎易先生和他的夫人陈文英女士。因我和妻子不在同一个单位工作，无法照顾老人和孩子，领导又把我从武邑县调回涿县农大农场二区队养马。

当时二区队有两群马。一群种公马，养在配种站，主要老师有刘少伯、杜玉川、李文斌和一部分等分配的大学生，由刘少伯老师负责。在母马发情季节，周围几个县的老乡都知道农大的种马好、个儿大，配种人员技术好，受胎率高，即使离得远也拉来配种，一时配种站门庭若市。另一群是母马，无论怀孕与否，白天都要放出去吃草。原学校宣传部部长刘咨洲同志是马班班长，负责管理夜班人员喂马。我是副班长，负责白天放马。

涿县农大农场分四个区队：一区队种水稻；二区队是畜牧，有马、猪、鸡；三区队种果蔬；四区队是什么我不记得了。各区队之间的中心距离约5千米。一条由涿县到衡水的路是交通主干线。路一边是农民的地，另一边就是农场，靠近路边的还有东城坊商店和东城坊小学。不久农大分散在各村的住户，也都搬到几个区队来住了。二区队有一个菜窖，旁边有三间勉强可以住人的房子，一间保留给原来住户司汝功一家，另外两间把住在三城村的戎易先生家和我家搬了过来，在这里我们还是邻居。两个小孩都在东城坊小学上学。

和我一起放马的还有一年级（2）班的几个同学，印象最深的有两个：一个小荣，一个小惠，骑马技术都很好。二区队所在地，主要是畜舍和住宅，没有什么长草的空地，于是我们每天都赶着马群到一区队和二区队之间的一块未种庄稼的荒地上放牧，早出晚归，中午有一个人骑马回二区队食堂打饭，自己吃完后再把饭送到放牧地。

时值秋收，北京市革命委员会组织各高校教职工和学生到各公社和农场支援秋收。派到涿县农大农场一区队帮忙收水稻的是北京大学的一支队伍，有四五十人，干部、教师、工人、学生都有。农场的房子不够住，他们就在一区队原有的一个平台上支帐篷住宿，搭一个木板房做饭。这个平台很大，延伸出去就是水稻田。

我们通常在下午5：00左右收牧，每天都到平台的另一端集合马群回二区队。集合马群还有一个小“仪式”，就是要背诵一段语录，经常是“下定决心，不怕牺牲……”，再听我口令，“上马！”大家都纷纷上马往二区队跑去。时间长了，这一上马仪式竟吸引了在平台另一端吃晚饭的北大学生，有的端着饭碗站在一旁，边吃边看，有时还议论纷纷，“那个队长上马的姿势最好”“跳得高，一条腿凌空一摆就轻轻地落在马背上”“有点像鞍马运动员上马的样子”“鞍马哪有这马高，真想也上去骑骑”“人家让你骑吗？”

图8–5　上马！

一日，一位胆大的北大女生过来对我说，她想要骑马。我说我们是回家，你跟我们走以后谁送你回来。她说已经和放马的农大同学说好了，晚上可以住在你们的女生宿舍。我说那也不行，也不知道你们老师同意不同意。她说老师们都靠边站了，管不着啦。我正在犹豫，也不知是小荣还是小惠已经拉来一匹马，说这匹马老实，还把北大女生扶上了马背。我正要再说几句，一想，“算了，北大老师都靠边站了，农大老师还有什么好多说的。”我看她两手拉住笼头两边的绳子，趴在马背上，看样子还算稳，也就下口令“上马”，好像那一天连背诵语录的仪式都忘了。

收牧时，人和马都想早些回去吃饭，每天一上公路就跑袭步，从一区队到二区队也就是跑3分钟。马群进入马厩后，我自去吃饭，北大女生谁请的谁管。第二天出牧时，我去女生宿舍想问那个北大女生还骑马回一区队不，农大女生说，她早走了，饭也没吃。我想也够没礼貌的，居然不辞而别。等我们和马群快到一区队平台时，看到那个北大女生已经上了平台往帐篷走去，估计她是回去抹红药水了！

蛇沟失火

1969年农大刚搬到涿县农场1年，1970年又奉上级命令还要往下搬，最后搬到延安甘泉县清泉沟。畜牧系被安排在清泉沟的一条支沟，当地人叫蛇沟，因人烟稀少，蛇多而出名，官方叫“舍沟”。

领导“照顾”我和解春亭（养猪教研室讲师）两人在雷家沟为分散在几个山坡的家属挑水、劈柴。我记得住在雷家沟的老师和职工有刘来锁（畜牧）、王志（兽医）、贾慎修（畜牧）、解春亭（畜牧）、汤逸人（畜牧，家属未去，家用物品都去了）、赵世杰（后勤）、杨林（后勤）、吴常信（畜牧）8户。我和妻子因不在同一个单位工作，所以家里由我母亲带着她的两个孙女进沟。雷家沟小学有两位老师，一间教室，1~4年级，总共也只有20来个学生，一个年级坐一排，老师给一个年级讲完，再给另一个年级讲，其他学生就自习，农大的孩子也插入各年级学习。

因北京来的都吃商品粮，每月都要用全国粮票到甘泉县买粮食和油。从雷家沟到甘泉县要经过一个很长很陡的坡，估计至少有半里地，斜度在25° 以上。汤逸人先生，畜牧系前系主任，下放在甘泉县兽医站。从蛇沟到雷家沟都要经过甘泉县，每次回家，我都会到兽医站去看望汤先生。一日，他说本来想到雷家沟的家里看看，搬家长途运输，东西不知有没有遗失和损坏，可是一走到大坡前就没有信心了，上不去。后来汤师母钱敏女士来雷家沟翻晒衣物时，汤先生也没有上去。

我和解春亭还要负责7户人家的粮油采购。7户家属一个月的粮食，再加上油，怎么也有300多斤，装在一辆排子车上，回沟时往坡上拉，真要把吃奶的力气都用上。我在前面拉，肩上套一条带子，以免往下滑，解春亭在车后使劲推。拉过两个月后，领导让我们两人进蛇沟参加集体劳动，各户家属的困难自己解决。

不久，涿县农大农场的马匹几经周折运到了蛇沟，我又被安排在马班喂马。解春亭去了农业组，在一次伐树中被倒下的树砸断了小腿骨，去县医院打了石膏，回雷家沟休息了3个月，拄着拐又到蛇沟上班了。后来发现骨头接错位了，于是送回北京，在医院重新把骨头敲断了再接。他以后就留在北京养伤了。

那几天我是夜班喂马，白天休息。下午三点来钟我在马食槽上添上干草，这样马一回来就可以吃。马厩走廊边放上水桶，晚上饮马、拌料用，水用完了就要到路边的一口辘轳井打水。一日，我做好夜班准备工作后，正站在坡上观山景，忽然远处有一人骑马从沟里向外飞奔而来，后面还跟着其他马匹。走近了一看，是白班放马的单崇浩，他居然把马鞭套在马嘴上当嚼子！见到我就从马背上跳下来说，你马上到校部向领导报告，蛇沟烧荒失火，火势失去控制，已经往山坡上蔓延，赶紧组织人来救火。说完就累倒在门口的干草垛上。我赶紧从值班室摘下嚼子，套在马嘴上，一跃上马，向清泉沟方向疾驰而去。

到了校部向值班领导简单汇报了情况。领导马上给离蛇沟最近的机务队打电话，让他们组织一部分人速去蛇沟救火。机务队很快就组织了十几个人，拿着铁锹，开上拖拉机就往蛇沟奔去。我骑马很快就超过拖拉机给他们带路。还没有到蛇沟沟口，杜玉川也骑着马从蛇沟跑出来求救。我们看着拖拉机拐进了沟口，就都放慢了马步，因为到失火地点，只有一条路，错不了。

大火扑灭后，火场留下值班人员，观察是否会死灰复燃。我和杜玉川各骑一匹马，马背上捆上棉大衣，送到火场给值班人员晚上御寒。回来值夜班时，知道牺牲了两位教师：刘理（兽医），阮素惠（女，畜牧）。大家都很伤心，拉回了遗体，就在马厩一侧临时搭了两间草棚，立一根杆子，拉上了电灯，停放两位教师遗体。我每次添完草料都会绕过去看看，一是向两位老师（都教过我的课）默哀，二是经常有人过去，防止野兽祸害。

白天我骑的是一匹最心爱的“小阿哈”，是中国马和阿哈母马杂交的后代，毛色和脸型都很像阿哈7号，就是个子矮小一些，所以叫它“小阿哈”，平时我都会单给它一些豆饼吃，非常听话，懂人意，当天跑路最多的是它。晚上“小阿哈”低着头在马槽边站着不吃草料，只是饮了一些水，我用手单给它豆饼也不吃。我给它试了体温，正常，也就放心了。我想一定是累坏了，或是它也懂得“农大出大事了！”

蛇沟烧死人的消息很快就传遍了住在各条沟里的牧医系家属，她们知道烧死了两个人，但不知道是谁，都担心在蛇沟劳动的亲人。住在雷家沟的几户家属都从山上住的窑洞下来，在小学前面的空地上等候消息。我的母亲也一手牵着一个孙女站在那里，含泪望着蛇沟方向默默祈祷（这是后来听我女儿说的），一直等到送信报平安的人来了，说各位家属的亲人都没有事儿。大家这才放心地回到自己的窑洞去，时间已经是半夜了。

一连几天，在蛇沟劳动的人都提不起精神。一天从清泉沟校部来了一位农大当时的最高领导，说是来看望大家，于是所有的人都集中在食堂里听他做报告。他先念了一段语录，“要奋斗就会有牺牲……”。后来又说：“这次重大事故，就不追究谁的责任了。”大家听了都很气愤，明明是他要大家开荒种地。如果说要追究责任，首先要追究的是他的责任！

人和马都“失踪了”

我又从夜班倒成白班，据马班的小领导说，“明天是吴仲贤和你搭伴放马”。我说，“谁都行”。继而一想，不对呀，怎么能我骑马在前头领着马群走，让老吴先生提着马鞭跟在后面跑呢？不过这几天老吴先生心情极好，刚补发了被扣发的工资，足有八千多元。据说补发那天，他连夜赶到甘泉县，第二天银行一开门就存了进去。回来后，一些人让他请客，是抽签，正好抽到他，被拿了“大头”（抽签是做假的）。老吴先生还说这是“概率”，该他出钱就他出钱。

晚上我去告诉他明天一起放马的事，让他拿本书，就在离场部2里多地有一块大石头的地方，坐在那里看书，不要跟着马群进沟底了，还有10多里路呢，他欣然同意。第二天早饭后我把马从马厩中赶出来，让它们排好队等着。不一会儿老吴先生提着一个挎包从宿舍出来了，我递给他一条马鞭，让他走在马群最后，我牵着“小阿哈”在前面领路。走出来约2里多地就见一块大石头，比较平整。我告诉老吴先生：“你就坐在这里看书，困了打瞌睡也行，到中午你就回食堂吃饭，我这里有一个饭盒，你吃完饭后给我打上饭菜，送到我放马的地方，你再自己回来，一天的活儿就算完了。”

我在沟里一直等到下午两点也没见老吴先生送饭来，他不会吃完午饭又午睡了吧！又等到3点还是没有人送饭来，我饿得不行了，只好提前赶着马往回走。走到老吴先生看书的那块大石头处，还是没有见到人。我想这个午觉也睡得太长了点儿吧。正走着，看见一群人，约十来个，拿着棍棒熙熙攘攘往沟里走，老吴先生走在最后，手里还提着我的饭盒。大家看到我和马群都平安无事，领头的说，“我说不会丢、不会丢，这不好好儿的都回来了吗？”又转身去问老吴先生，“这是怎么回事？”老吴先生嗫嚅地说，“我打了饭给吴常信送去，走到火烧场，想起这里烧死过人，就不敢往里走了，大声叫了几声也没有回音，我想一定是人和马都失踪了，这才赶紧回来报告。”我想火烧场离马吃草的地方还有七八里地呢，我就是顺风耳也听不见呀！领头的说，“开始我们也不相信，蛇沟是条死沟，除非翻过山才能出去。我们分析是否遇到有人劫马，于是就带着人过来了。”一场虚惊，却留下了一个故事！

1971年在清泉沟和蛇沟的人、畜都出现了不同程度的地方病征候，有几匹马走起路来摇摇摆摆，四肢关节有问题。1972年春，马群从蛇沟迁往延安七里铺，不久教职工也陆续迁回涿县和北京。农大的种马、种猪、种羊、种鸡都移交给了当地。我那可怜的“小阿哈”，再也不会有人单给它喂豆饼了！等待它的将会是怎样的命运呢？

往事两则

（摘自安民先生纪念文集，有修改）

安民先生性格开朗，谈吐幽默，有时说话颇有哲理。以下记录我亲身经历的两件事。

1.公马吃鸡蛋

我大学最后一个学期的毕业实习是在离学校不远的东北旺农场。当时农场的指导教师是刘恒技师，具体和我一起工作的是孙亨浩技术员，畜牧系指导我的是安民先生。我在农场实习的任务之一是参加农场使役母马的繁殖工作，具体说就是配马。于是，临时在场部附近找了一个场院，支起配种架（是我设计的），就算安排好了工作场所。人员除了我和孙技术员外，还有一个养公马的老荣，配种对象就是农场拉大车的母马。车把式发现母马发情，就通知老孙，老孙不在时，小吴也管事。车把式把马拉到场院，保定在配种架内，这时老荣就牵来公马，一般对公、母马重点部位的清洁工作都由我来完成。配种不是采精、输精，而是人工辅助交配。配完后，母马由车把式拉走，公马由老荣拉回到他家旁边的一个马厩饲养。因为全场只有一匹公马，就由他负责喂草、喂料、饮水、刷拭、运动等全部工作。配了几次以后，发现公马情绪不高，见了发情母马既无亲昵动作，更无勇往直前的势头。要人拉着它围着母马转好几圈才勉强完成任务。

一日，安民先生到现场指导，见此情景，认为公马性欲太差是因为劳累过度和营养不良，根据公马体重每天需加2斤鸡蛋，连壳打碎，拌在料里生吃。当时由孙技术员做主，照办。半个月过去了，孙技术员拿着30斤鸡蛋的发票到会计那里报账，会计说不能报，谁知道是马吃了，还是人吃了。这事又找到了刘技师，刘技师说种马配种期吃鸡蛋没错，但是不是人也吃了，这事说不清楚。老荣听了很不高兴，因为买鸡蛋和喂鸡蛋都是他经手的，说是不是人也吃了，明显是对他不信任。发票又转到农场场长那里，场长看了勃然大怒，说："马吃鸡蛋必须停止，我还没有每天都吃鸡蛋呢，马倒是每天吃鸡蛋，还一吃就是2斤，这次就给报了，下不为例！"等到安民先生再来实习点指导工作时，听说了此事，也感到无可奈何，只好嘟囔着说："场长又没有这个任务，干吗要每天给他吃鸡蛋！"

一个配种季节过去了，母马一匹也没有配上。

2. 小马挨耳光

1970年，北京农业大学奉命搬迁陕北。当时学校已从北京搬到涿县，再从涿县搬到陕北，一路经过西安、铜川、洛川、延安，最后到达甘泉县清泉沟，这是校本部所在地，学校首脑部门就设于此。牧医系总部是在清泉沟的一个支沟，叫"蛇沟"，传说因早年沟内人烟稀少，蛇多而出名，现在叫"舍沟"。不过我还是喜欢叫蛇沟，更有回味。

农大的人从北京搬迁到陕北，养在涿县农场的马也要搬迁到陕北，先由人押运着从涿县乘火车到铜川，再从铜川乘卡车到洛川，再从洛川赶着大车（车上装着草料）带着马群（有30几匹），晓行夜宿一路走到蛇沟。

有一段时间我和安民先生搭伴在蛇沟放马，拿着马鞭一前一后照顾马群吃草。正值春夏之交，沟底有阳光、青草、泉水，是一块很好的放牧地。几匹带驹的母马悠然自得地边走边吃草，小马紧随其后，但其中有一匹马驹，出生也就2个多月，很不听话，总是独自离群，或跑前、或跑后，吆喝它也不过来，我只好带着鞭子来回奔跑，赶它合群。当时我对安民先生说："要是有一条狗就好了，让狗去追赶它，我这一上午不停地赶马，早晨吃的两个窝头，喝的两碗稀粥早就消化没了！"安民先生说："看我的。"他慢条斯理地走到小马驹旁边，小马驹也侧着头瞪着两只大眼睛疑惑地看着他。说时迟那时快，只听得啪啪两声，安民先生左右开弓扇了小马驹两个耳光，小马驹惊跳起来，迅速跑回它妈妈身边，从此它就乖乖地跟着母马走，再也不敢独自离群。我笑着说："打得好，小马驹吃了苦头才知道回到母马身边。"安民先生也不无感慨地说："人也一样，只有碰了钉子才知道回头。"

从这两件平常的小事，可以看出安民先生的乐观、豁达。也正是由于这些性格特点，他才能在长期受到不公正待遇的情况下，坦然面对，和家人一起度过了艰难岁月。当了农大校长后，他深知自己任重道远，更是勤奋工作，为农大的发展作出了贡献。

猪缘

羊缘

牛缘

学缘

……

二维码8-1 “牧之缘”系列专栏，未完待续

二、动听说：师生讲百年敬恩师

百年的历史是一条浩渺的长河，其中涌动着智慧的泉源，洗涤着岁月的尘埃。

百年前，当畜牧学科还是一片未经开垦的土地时，畜牧先辈们就已经开始了他们的探索之旅。他们敏锐地捕捉到了知识的种子，用执着的信念和坚定的决心把这些种子播撒到每一个角落。

自1923年国立北京农业大学畜牧学系成立起，一代代畜牧人前赴后继，他们中有的是家畜生态学科创始人，有的是动物数量遗传学科奠基人，有的曾留学国外学习先进的技术，在祖国最需要的时刻毅然放弃了国外优越的生活条件，毫不犹豫选择回国建设。他们用自己的实践和探索、研究和创新，不断推进畜牧学科的发展，使之蓬勃生长，焕发活力。

多年来，他们始终坚守教育、科研和服务社会的职责使命，解济民生，化育英才。

从艰苦岁月至太平盛世，畜牧学家们用专业与情怀、热忱与奉献，满怀爱国之心和强国之志，引领学科发展，谱写百年传奇。

他们的故事，是学科百年发展的历史，更是一首吟唱畜牧的赞歌。

二维码8-2　动科故事，你我共话

今天，新一代动科人汇聚新百年，讲好动科故事，致敬畜牧恩师，共话百年历史，续写畜牧新篇……

附录

附录一　中国农业大学动物科学技术学院历史沿革

国立北京农业大学畜牧系（1923.3—1927.8）

国立京师大学校农科畜牧系（1927.8—1928.7）

国立北平大学农学院农艺系（含畜牧课程）（1928.11—1937.9）

国立西安临时大学农学院农学系（含畜牧课程）（1937.9—1938.4）

北方大学农学院畜牧兽医系（1947.3—1948.8）

国立西北联合大学农学院农学系（含畜牧课程）（1938.4—1938.7）

清华学校农科设立畜牧学课程（1921—1928.8）

华北大学农学院畜牧系（1948.8—1949.9）

国立北京大学农学院畜牧系（1946.7—1949.9）

辅仁大学农学系（含畜牧课程）（1946.9—1949.7）

清华大学农学院农艺系畜牧组（1946.5—1949.9）

北京农业大学畜牧系（1949.9—1971.9）

延安大学畜牧兽医专业（1971.9—1973.4）

华北农业大学畜牧系（1973.4—1978.11）

北京农业大学畜牧系（1978.11—1993.7）

北京农业大学动物科学技术学院（1993.7—1995.9）

中国农业大学动物科学技术学院（1995年9月至今）

其中：

2018.12草业科学系单独成立为草业科学与技术学院

2019.12成立智能养殖与环境科学系

2020.12成立伴侣动物科学系、动物繁殖与发育科学系

附录二　中国农业大学动物科学技术学院历任领导

（一）组织机构情况

年份	组织机构名称	负责人 / 系主任 / 院长
1923—不详	国立北京农业大学畜牧系	崔步瀛
1946	北京大学农学院畜牧系	汪国舆
1947—1949	北京大学农学院畜牧系	吴仲贤
1946—1949	国立清华大学农学院农艺系（畜牧组）	许振英（代主任）
1949	华北大学农学院畜牧系	李静涵
1950	北京农业大学畜牧系	张仲葛（代主任）
1951	北京农业大学畜牧系	吴仲贤
1952—1956	北京农业大学畜牧兽医系（畜牧专业）	汤逸人（系副主任）
1956—1969	北京农业大学畜牧系	汤逸人
1969—1971	北京农业大学畜牧兽医系	
1971—1973	延安大学畜牧兽医专业	
1973—1978	华北农业大学畜牧系领导班子	刘来锁，陈金大，冯仰廉
1981—1983	北京农业大学畜牧系	安　民
1983—1987	北京农业大学畜牧系	吴常信
1987—1993	北京农业大学畜牧系	张　沅
1993—2004	北京农业大学动物科学技术学院（1995 年改为中国农业大学动物科学技术学院）	吴常信
2004—2014	中国农业大学动物科学技术学院	李德发
2015 年至今	中国农业大学动物科学技术学院	呙于明

（二）党组织情况

年代	党组织名称	负责人 / 书记
1953—1955	北京农业大学畜牧兽医系教员支部	孙文荣
1955—1956	北京农业大学畜牧兽医系教员支部	郭　铁
1956—1959	北京农业大学畜牧系教员支部	陈淑琴
1959—1960	北京农业大学畜牧系教员支部	冯仰廉
1960—1961	北京农业大学畜牧系党总支	孙孟忱
1961—1963	北京农业大学畜牧系党总支	冯仰廉（代）
1963—1966	北京农业大学畜牧系党总支	于淑静
1966—1969	北京农业大学畜牧系临时党总支	潘世文
1969—1970	北京农业大学畜牧系临时党总支	刘国生
1970—1973	北京农业大学畜牧系临时党总支	沈孝祥
1973—1978	华北农业大学畜牧系领导班子	刘来锁，陈金大，冯仰廉
1978—1987	北京农业大学畜牧系党总支	陈金大
1988—1997	北京农业大学畜牧系党总支（1993年改为北京农业大学动物科学技术学院党总支，1995 年改为中国农业大学动物科学技术学院党总支）	史德宽
1997—2005	中国农业大学动物科学技术学院党总支（2005年改为中国农业大学动物科学技术学院分党委）	孟庆翔
2005—2017	中国农业大学动物科学技术学院分党委	杨　志
2017—2019	中国农业大学动物科学技术学院分党委	周旭峰
2019 年至今	中国农业大学动物科学技术学院分党委	郭晓旭

参考文献

[1] 北京农业大学校史资料征集小组. 北京农业大学校史1905—1949. 北京：北京农业大学出版社，1990.

[2] 北京农业大学校史资料征集小组. 北京农业大学校史 1949—1987. 北京：北京农业大学出版社，1995.

[3]《念兹在兹》编写组. 念兹在兹：中国农大强农兴农的十个篇章. 北京：人民出版社，2019.

[4]《永恒的怀念》编委会. 永恒的怀念：纪念吴仲贤教授诞辰100周年. 北京：中国农业大学出版社，2011.

[5] 中国农业大学动物科技学院沉痛悼念冯仰廉教授. 畜牧兽医学报，2016，47（12）:2527.

[6] 姜沛民，孙其信. 初心弥坚：中国农业大学许党报国的红色故事. 北京：中国农业大学出版社，2021.

[7] 李春芳，李存富. 一路攀登一路歌——记著名动物营养学家李德发教授. 科学新闻周刊，2001（13）：10–12.

[8] 李德发. 安民:永攀生命高峰——缅怀安民教授. 北京：中国农业出版社，2015.

[9] 刘建平，苏雅澄，王玉斌. 不曾忘却：中国农业大学先贤风范. 北京：中国农业大学出版社，2015.

[10] 刘建平，张立华，狄梅宝. 北京农业大学教授名录. 北京：北京农业大学出版社，1990.

[11] 瞿振元. 当代后稷：中国农业大学名师风采. 北京：中国广播电视出版社，2014.

[12] 王云龙口述，陈卫国执笔. 畜牧工程先行者——王云龙. 北京：中国农业出版社，2015.

[13] 徐旺生，李炳球. 仁爱一生　张仲葛先生百年诞辰纪念文集. 北京：中国农业出版社，2013.

[14] 学界名家：冯仰廉教授. 中国畜牧杂志，2004，40（6）：3.

[15] 中国农业大学百年校庆丛书编委会. 百年人物1905—2005. 北京：中国农业大学出版社，2005.

[16] 中国农业大学百年校庆丛书编委会. 百年纪事1905—2005. 北京：中国农业大学出版社，2005.

[17] 中国畜牧兽医学会动物营养学分会，东北农业大学. 许振英教授纪念文集. 北京：中国农业出版社，1996.

[18] 张学琴. 北京农业大学外事记1949—1995. 北京：中国农业出版社，1999.

[19] 赵贵江. 刘少伯——总爱出点子. 中国禽业导刊，2000（14）：28.

[20] 朱士恩. 中国动物繁殖学科60周年发展与展望. 北京：中国农业大学出版社，2010.

[21] 吴汝焯，王步峥，许增华. 忆恩师. 北京：中国农业大学出版社，2010.